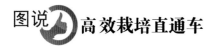

图说与高效栽培直通车

全彩版

图说 食用菌 高效栽培

主 编 牛贞福 国淑

参 编 张 鹤 赵

U0279655

机械工业出版社

本书以图说的形式较为全面地对食用菌菌种制作、平菇高效栽培、香菇高效栽培、双孢蘑菇高效栽培、食用菌常见病虫害的诊断与防治进行了介绍，并提供了某些食用菌高效栽培的实例。另外，本书设有"提示""注意"等小栏目和部分知识点的视频资料，配有大量的食用菌生产照片，内容全面翔实，通俗易懂，操作性和实用性强，是一本不可多得的食用菌实用技术图书。

　　本书是作者多年研究成果和实践经验的结晶，适合从事食用菌菌种制作和高效栽培的企业、合作社、菇农及农业技术推广人员使用，也可供农业院校相关专业的师生参考。

图书在版编目（CIP）数据

　　图说食用菌高效栽培：全彩版/牛贞福，国淑梅主编.
—北京：机械工业出版社，2018.9
　　（图说高效栽培直通车）
　　ISBN 978-7-111-60727-4

　　Ⅰ.①图…　Ⅱ.①牛…②国…　Ⅲ.①食用菌–蔬菜园艺–图解　Ⅳ.①S646-54

　　中国版本图书馆 CIP 数据核字（2018）第 192428 号

机械工业出版社（北京市百万庄大街 22 号　邮政编码 100037）
策划编辑：高　伟　责任编辑：高　伟
责任校对：王　欣　责任印制：孙　炜
保定市中画美凯印刷有限公司印刷
2018 年 10 月第 1 版第 1 次印刷
147mm×210mm·6.25 印张·194 千字
0001—4000 册
标准书号：ISBN 978-7-111-60727-4
定价：39.80 元

前言
Introduction

　　食用菌产业具有循环、高效、生态的内在特点，能促进农民增收、农业增效和国民健康。由于食用菌生产的专业化分工较细、市场增长较快、生产周期较短、效益较大，食用菌产业已经成为很多地区精准脱贫的重要产业，在脱贫致富工程和乡村振兴战略中发挥着重要作用。

　　在世界食用菌贸易中，我国已成为当今世界最大的食用菌生产国和出口国，2016 年出口额达 31.7 亿美元，2016 年全国食用菌总产量3596.7 万吨，总产值 2741.8 亿元，从业人员超过 2500 万人。我国食用菌产业已经成为继粮、油、果、菜之后的第五大种植产业，并且随着"一荤一素一菇"科学膳食结构的推广，掀起了食用菌消费的热潮，食用菌菜肴走进千家万户，成为舌尖上不可缺少的美味。

　　随着现代农业、生物技术、设施环境控制等的发展，食用菌栽培实践性、操作性、创新性和规范性日渐突出，技术日臻完善，逐步朝着专业化、机械化、集约化、规模化、工厂化的方向发展，广大食用菌从业者也迫切需要了解、认识和掌握食用菌栽培的新品种、新技术、新工艺、新方法，以解决实际生产中遇到的技术难题，提高食用菌栽培的技术水平和经济效益。为此，编者深入生产一线，调查食用菌生产中存在的难点、疑点，总结经验，结合自己的教学科研成果和多年来在指导食用菌生产中积累的心得体会，并参阅了大量的食用菌相关教材、著作和文献，力使本书内容丰富、新颖。为了使本书内容形象生动，具有很强的可读性和适用性，编者尽可能地采用具有代表性的、典型的照片和示意图。本书还加入了近年来食用菌行业涌现出的新技术，如液体菌种生产、工厂化生产等，同时对一些知识点配以二维码形式链接的视频（建议读者在 Wi-Fi 环境下扫码观看），希望能满足菌农所需。

　　需要特别说明的是，本书所用药物及其使用剂量仅供读者参考，不可完全照搬。在实际生产中，所用药物学名、通用名与实际商品名称存在差异，药物浓度也有所不同，建议读者在使用每一种药物之前，参阅厂家提供的产品说明以确认药物用量、用药方法、用药时间及禁忌等。

本书由山东农业工程学院、山东英才学院及部分农业技术推广部门中长期从事食用菌教学、科研、推广和具有丰富食用菌栽培实践经验的人员合作编写而成，并得到食用菌岗位体系专家、生产企业、合作社的大力支持，同时参考了国内同行的学术资料，在此一并致以诚挚的谢意！

由于编者水平有限，加之编写时间比较仓促，书中难免存在许多不足之处，敬请广大读者、同行提出宝贵意见，以便再版时修正。

编者

目 录
Contents

前言

1 第一章 食用菌概述

8 第二章 菌种高效制作

V

173　第七章　食用菌高效栽培实例

179　附录　食用菌生产常用原料及环境控制对照表

190　参考文献

192　索引

第一章

食用菌概述

第一节 食用菌主要类别

一、食用菌的分类地位

从分类地位上来讲，食用菌类均属于生物中的真菌界、真菌门中的担子菌亚门和子囊菌亚门（图1-1），其中约95%的食用菌为担子菌亚门。

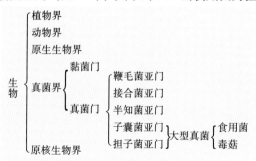

图1-1 食用菌在生物中的分类地位

二、担子菌亚门中的食用菌代表

目前，绝大多数常见的和广泛栽培的食用菌均属于担子菌亚门，在生产上它们大致可分为四大类群，即耳类、非褶菌类、伞菌类和腹菌类（图1-2）。

担子菌亚门中的食用菌 {
耳类：黑木耳（图1-3）、银耳（图1-4）等
非褶菌类：猴头菇（图1-5）、灵芝（图1-6）等
伞菌类：卵孢小奥德蘑（图1-7）、双孢蘑菇、榆黄菇（图1-8）、
　　　　香菇（图1-9）
腹菌类：竹荪（图1-10）等
}

图1-2 担子菌亚门中的食用菌

1

图1-3 黑木耳

图1-4 银耳

图1-5 猴头菇

图1-6 灵芝

图1-7 卵孢小奥德蘑
（商品名：黑皮鸡枞）

图1-8 榆黄菇（平菇类）

图1-9 香菇　　　　　　　　图1-10 竹荪

三、子囊菌亚门中的食用菌代表

子囊菌亚门中常见的食用菌多属于盘菌目和肉座菌目（图1-11），且具有种类少、价值高的特点，多数为野生菌。

子囊菌亚门中的食用菌 ｛ 盘菌目 ｛ 羊肚菌科、羊肚菌属（羊肚菌等，见图1-12）
盘菌科、盘菌属（森林盘菌等）
肉杯菌科、丛耳属（美洲丛耳等）
地菇科、地菇属（瘤孢地菇等）
块菌科、块菌属（黑松露等，见图1-13）
肉座菌目：麦角菌科、虫草属（蛹虫草，见图1-14；冬虫夏草，见图1-15）

图1-11 子囊菌亚门中的食用菌

图1-12 羊肚菌　　　　　　图1-13 黑松露（猪拱菌）

图 1-14　蛹虫草

图 1-15　冬虫夏草

第二节　食用菌的主要栽培模式和发展前景

食用菌产业是生态农业、节约农业、循环农业的重要组成部分，也是现代特色高效农业的典范。20 世纪 80 年代以来，全球食用菌产量的增长主要来自我国，我国已然成为世界最大的食用菌生产国、消费国和出口国，年总产量占世界的 70% 以上。香菇、黑木耳、平菇类、金针菇、双孢蘑菇和毛木耳等 6 种（类）的产量占全国食用菌总产量的 77%，而食用菌工厂化生产的年产量仅占年总产量的 6.8%。

▶▶　一、食用菌的主要栽培模式　◀◀

1. 菌菜一体化双面棚栽培模式

菌菜一体化双面棚（图 1-16），也叫双屋面日光温室、阴阳棚等，其南北面棚共用 1 个墙体，即中隔墙（在距棚地面高 2 米处，每隔 5 米开一个 30 厘米 × 30 厘米的通风口），实现菌菜气体、热量、湿度的内外循环互补，提升菌棚冬季保温和夏季降温的性能，促进菌渣资源化利用，达到"节地、节能"及多品种食用菌周年高效生产的目的。

2. 多功能控温拱棚周年化出菇模式

多功能控温拱棚集成了高效节能出菇棚控温、通风、喷水及隧道二次发酵供料等自动化管控技术（图 1-17），实现了草腐菌周年化低成本节能生产，达到一年 4 个生产周期，实现了空间利用率、生产效率和单产的大幅提高。

图1-16　菌菜一体化双面棚

图1-17　多功能控温拱棚

3. 简易大棚层架立体种植模式

利用简易大棚，采取垂直吊袋方式进行木耳出耳管理（图1-18），提高空间利用率，通风好，光线足，易喷灌，出耳时间提早或延迟；利用安装湿帘、风机的温室大棚，设置层架和配套微喷管道系统，立体栽培香菇（图1-19），品质好，产量高，也利于出菇管理。

图1-18　简易大棚中木耳垂直吊袋栽培

图1-19　温室大棚中香菇层架栽培

4. 新型专用控温菇房反季节栽培模式

该菇房通过保温材料与钢架结构的牢固结合，形成内外保温层，做到了建筑节能一体化（图1-20），反季节栽培香菇、双孢菇等食用菌的效果显著。利用该模式可适度发展大宗优质品种如纯白平菇、姬菇、秀珍菇、黄金针菇、草菇、毛木耳、滑子蘑、白灵菇、猴头菇、鲍鱼菇、榆黄菇、花香菇、灰树花、褐色蘑

图1-20　新型专用控温菇房

菇和姬松茸等，逐步形成立体种植和四季高效栽培出菇模式。

5. 光伏食用菌高效设施栽培模式

光伏发电和日光温室结合具备许多优势。一是光伏发电，不占用地面，不改变土地使用性质，能够节约土地资源；二是在大棚上架设太阳能电池板与需要遮光种植的食用菌，实现了彼此的光能需求互补（图1-21）；三是棚内可实现反季节或周年栽培食用菌，效益可观。

6. 黑木耳春秋两季高效栽培

在低温季节大规模集中接种培养黑木耳菌袋（图1-22），污染率低，菌丝生长健壮，生活力强，也可利用冷藏库分批保藏发满菌的菌袋。春季在玉米地间作套种黑木耳，秋季可露地栽培黑木耳，也可在短树龄的林地栽培黑木耳。

图1-21　光伏大棚（光伏日光温室）　　图1-22　黑木耳春季栽培

7. 林菌高效间种模式

利用林果等空间地，搭建简易遮阳棚或拱棚，夏季轻简化地栽高温香菇、草菇，或林间露地畦栽大球盖菇（图1-23）、黑木耳、毛木耳等，市场好，效益高。

8. 工厂化生产模式

食用菌工厂化生产是典型的利用工业理念发展现代农业，是模拟生态环境、智能化控制、自

图1-23　林间露地畦栽大球盖菇

动化机械作业于一体的生产方式。食用菌工厂化生产可提高周年生产效率，节约土地与劳动力，提高设施和设备的使用效率，提高资金周转率，控制产品质量和安全生产，是一种新型的、集现代农业企业化管理的生产模式，可复制性强，能提高企业的技术壁垒、资金壁垒、人才壁

垒，有利于产业转型与产品升级。

目前，食用菌工厂化生产可栽培的品种有白色（黄色）金针菇（袋、瓶栽）、杏鲍菇（袋、瓶栽）、真姬菇（白玉菇、蟹味菇、海鲜菇，见图1-24）、双孢菇（含褐菇）、白灵菇（图1-25）、蛹虫草、秀珍菇、姬菇、滑子蘑、茶树菇、草菇、鸡腿菇、猴头菇和灰树花等10余种。

图1-24 海鲜菇工厂化生产　　　图1-25 白灵菇工厂化生产

二、食用菌产业发展前景

食用菌在大农业中一、二、三产及跨界融合的潜力大，国内外市场广阔。其原因有以下4个方面：一是随着经济社会的发展和收入的增加，国内食物消费总量尤其对低糖、低脂肪、高蛋白、多营养的健康"菇粮"食品的需求在持续增长。二是民众健康膳食理念日益增强，对食用菌营养、保健功能的认知逐步普及和提高。三是随着产量增长和价格降低，食用菌将逐渐成为大众消费品，其消费增长预期更大。四是随着食用菌产业的不断壮大，食用菌精深加工是产业发展的必然；生产食用菌之后的废弃物——菌渣的综合开发利用也将成为焦点和热点。

第二章

菌种高效制作

>>> 一、菌种分级 <<<

食用菌菌种定义为经人工培养可用于繁殖的菌丝体（图2-1）或孢子。我国食用菌菌种按照生产过程可分为母种（一级种）、原种（二级种）和栽培种（三级种）3级。

1. 母种

母种是经各种方法选育得到的，具有结实性的菌丝体纯培养物及其继代培养

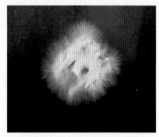

图2-1 食用菌菌丝体

物，以玻璃试管、培养皿为培养容器（图2-2、图2-3）。根据不同的使用目的，可将母种分为保藏母种、扩繁母种和生产母种等。

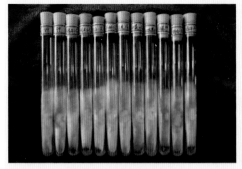

图2-2 母种（试管）

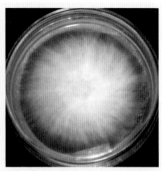

图2-3 母种（培养皿）

除单孢子分离外，一般获得的母种纯菌丝具有结实性。由于获得的母种数量有限，常将菌丝再次转接到新的斜面培养基上，可获得更多的

母种，称为再生母种。1 支母种可转成 10 多支再生母种。

2. 原种

原种是用母种在谷粒、木屑、棉籽壳等天然固体培养基上扩大繁殖而成的菌丝体纯培养物，也叫二级种（图 2-4）。原种常以透明的玻璃瓶（650~750 毫升）或塑料菌种瓶（850 毫升）或聚丙烯塑料袋（15厘米×28 厘米）为培养容器和使用单位，用来繁育栽培种或直接用于栽培。

3. 栽培种

栽培种是用原种在天然固体培养基上扩大繁殖而成的、可直接作为栽培基质种源的菌种，也叫三级种（图 2-5）。栽培种常以透明的玻璃瓶、塑料瓶或塑料袋为培养容器和使用单位，只能用于生产栽培，不可再次扩大繁殖成菌种。

图 2-4　原种

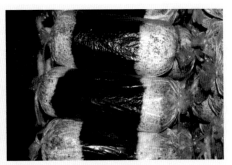
图 2-5　栽培种

》》 二、菌种类型 《《

根据培养基物理状态的不同，可将菌种分为固体菌种和液体菌种两大类。

1. 固体菌种

生长在固体培养基上的食用菌菌种称为固体菌种。食用菌的固体菌种主要有以下几种类型：PDA 试管菌种、谷粒菌种、棉籽壳菌种、木屑菌种和复合料菌种。各类型都有各自的优缺点。

（1）PDA 试管菌种　将经孢子分离法或组织分离法得到的纯培养物，移接到试管斜面培养基上培养而得到的纯菌丝菌种。

（2）谷粒菌种　指用小麦、玉米、高粱或谷子等作物籽粒做培养基生产的食用菌菌种。目前双孢蘑菇生产中使用的几乎全是谷粒菌种。

⚠️ **【注意】** *谷粒菌种的优点是菌丝生长健壮、生活力强、发菌快，在基质中扩展迅速；缺点是存放时间不宜太长，易老化。*

（3）**棉籽壳菌种**　棉籽壳营养丰富，颗粒分散，所制菌种抗污染性强，耐高温性好，受菇农欢迎。

（4）**木屑菌种**　指利用阔叶树木屑作为培养基制作的食用菌菌种，具有生产工艺简单、成本低廉、原材料来源广泛和包装运输方便等优点。

（5）**复合料菌种**　指利用两种或两种以上主要原料作为培养基制作的食用菌菌种，一般常用木屑、棉籽壳、玉米芯等原料按照一定比例进行混合。复合料菌种的优点是营养丰富、全面，菌丝生长情况好，接种后适应性好。

2. 液体菌种

液体菌种是用液体培养基，在生物发酵罐中，通过深层培养（液体发酵）技术生产的液体形态的食用菌菌种（图2-6）。液体指的是培养基的物理状态，液体深层培养就是发酵工程技术。当前，已经有相当数量的食用菌生产企业（含工厂化生产企业）采用液体菌种生产食用菌栽培袋，取得了良好的经济效益和生态效益。

图 2-6　液体菌种

第二节　菌种制作的设施、设备

▶▶ 一、配料加工、分装设备 ◀◀

1. 原材料加工设备

（1）**秸秆粉碎机**　用于农作物秸秆（如玉米秸秆、玉米芯、棉柴）的切断，以便其进一步粉碎或直接使用的机械。

（2）**木屑机**　将阔叶树或硬杂木的枝丫切成片（图2-7），然后经过粉碎机粉碎（图2-8），作为食用菌的生产原料。

图2-7 切片机　　　　　　　图2-8 原料粉碎机

2. 配料分装设备

（1）拌料机 拌料机可用来替代人工拌料，是把主料和辅料加适量水进行搅拌，使之均匀混合的机械（图2-9、图2-10）。

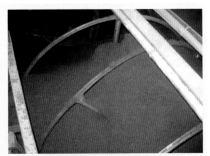

图2-9 小型拌料机　　　　　图2-10 料槽式拌料机

 【提示】 一般拌料机容积越大，拌料越均匀。

（2）装袋机 家庭生产采用小型立式装袋机或小型卧式多功能装袋机。工厂化生产可以采用大型冲压式装袋机。

1）小型装袋机（图2-11）：主要把拌好的培养料填装到一定规格的塑料袋内，一般每小时可以装250～300袋。其优点是装袋紧实，中间通气孔可以打到袋底，装袋质量好，速度快；缺点是只能装一种规格的塑料袋。

2）小型多功能装袋机（图2-12）：主要把拌好的培养料填装到各种规格的塑料袋内，一般每小时可装200袋。其优点是各种食用菌栽培

图 2-11 小型装袋机

装袋
（简易装袋机）

都可以使用，料筒和搅龙可以根据菌袋规格进行更换；缺点是装袋质量和速度受操作人员熟练程度的影响较大，一般栽培食用菌种类较多时可以选用。

图 2-12 小型多功能装袋机

3）大型冲压式装袋机（图2-13）：与小型装袋机的原理基本相同，但是需要与拌料机、传送装置一起使用，而且是连续作业，一般每小时可以装1200袋，多用于大型菌种厂、菌包厂或食用菌的工厂化生产。

图 2-13 大型冲压式装袋机

冲压式
装袋机装袋

>>> 二、灭菌设备 <<<

1. 高压灭菌设备

高压灭菌锅炉能够在较短时间内杀灭杂菌，是因为其产生的饱和蒸汽压力大、温度高，通过高温（121℃）、高压使微生物因蛋白质变性失活而达到彻底灭菌的目的。

高压灭菌设备按照样式大小可分为手提式高压蒸汽灭菌锅（图2-14）、立式压力蒸汽灭菌锅（图2-15）、高压灭菌柜（图2-16）等。

图2-14 手提式高压蒸汽灭菌锅　　图2-15 立式压力蒸汽灭菌锅

图2-16 高压灭菌柜

菌袋灭菌
（灭菌柜灭菌）

 【注意】 菌种生产均需采用高压灭菌设备。

2. 常压灭菌设备

常压灭菌通过锅炉产生强穿透力的热活蒸汽的持续释放，使内部培养基保持持续高温（100℃）来达到灭菌的目的。常压灭菌灶的建造根据各地习惯而异，一般包括蒸汽发生装置（图2-17）和灭菌池（图2-18）两部分。

图 2-17　蒸汽发生装置　　　图 2-18　灭菌池

3. 周转筐

食用菌菌种生产过程中，为搬运方便，减少料袋变形或被扎破，目前大多采用周转筐进行装盛。周转筐一般用钢筋（图 2-19）或高压聚丙烯（图 2-20）材料制成，应光滑，以防扎袋。其规格根据生产需要确定。

图 2-19　铁质周转筐　　　图 2-20　塑料周转筐

▶▶ 三、接种设备 ◀◀

接种设备有接种帐、接种箱、超净工作台、接种机、简易蒸汽接种设备、离子风机和相应的接种工具等。

1. 简易接种帐

简易接种帐采用塑料薄膜制作而成（图 2-21），可以设在大棚内或房间内，规格分为 2 种，小型的规格为 2 米 ×3 米，较大的规格为（3~4）米 ×4 米，接种帐高度为 2~2.2 米，过高不利于消毒和灭菌。接种帐可随空间条件而设置，可随时打开和收起，一般采用高锰酸钾和甲醛熏蒸消毒。

2. 接种箱

接种箱用木板和玻璃制成，前后装有 2 扇能开启的玻璃窗，下方开 2 个圆洞，洞口装有袖套，箱内顶部装日光灯和 30 瓦紫外线灯各 1 盏，有的还装有臭氧发生装置（图 2-22）。接种箱的容积一般以能放下 80 ~ 150 个菌袋为宜，适合于一家一户小规模生产使用，也适合小型菌种厂制种使用。

图 2-21　接种帐　　　　　　　图 2-22　接种箱

3. 超净工作台

超净工作台（图 2-23）的原理是在特定的空间内，室内空气经预过滤器初滤，由小型离心风机压入静压箱，再经空气高效过滤器二级过滤，从空气高效过滤器出风面吹出的洁净气流具有一定的、均匀的断面风速，可以排出工作区原来的空气，将尘埃颗粒和生物颗粒带走，以形成无菌的、高洁净的工作环境。

4. 接种机

接种机也分为许多种，简单的离子风式接种机（图 2-24），可以摆放在桌面上，

图 2-23　超净工作台

可以使前方 25 厘米左右范围都达到无菌状态，方便接种操作。还有适合工厂化接种的百级净化接种机，接种空间可达到百级净化，实现接种无污染，保证接种成功率。

离子风机接种

图2-24 离子风式接种机

5. 简易接种室

接种室又称无菌室，是分离和移接菌种的小房间，实际上是扩大的接种箱。

⚠️ 【注意】

① 接种室应分里外两间，高度均为 2~2.5 米。里面为接种间，面积一般为 5~6 米^2，外间为缓冲间，面积一般为 2~3 米^2。两间门不宜对开，出入口要求安装推拉门。接种室不宜过大，否则不易保持无菌状态。

② 房间里的地板、墙壁、天花板要平整、光滑，以便擦洗消毒。

③ 门窗要紧密，关闭后与外界空气隔绝。

④ 房间最好设有工作台，以便放置酒精灯、常用接种工具等。

⑤ 工作台上方和缓冲间的天花板上安装能任意升降的紫外线杀菌灯和日光灯。

6. 接种车间

接种车间（图2-25）是扩大的接种室，室内可放置多个接种箱或超净工作台，一般在食用菌工厂化生产企业中较为常见。

图2-25 接种车间

【提示】 空气洁净度级别:

① 百级净化指大于或等于 0.5 微米的尘粒数大于 350 粒/米³ (0.35 粒/升) 且小于或等于 3500 粒/米³ (3.5 粒/升), 大于或等于 5 微米的尘粒数为 0。

② 千级净化指大于或等于 0.5 微米的尘粒数大于 3500 粒/米³ (3.5 粒/升) 且小于或等于 35000 粒/米³ (35 粒/升), 大于或等于 5 微米的尘粒数小于或等于 300 粒/米³ (0.3 粒/升)。

③ 万级净化指大于或等于 0.5 微米的尘粒数大于 35000 粒/米³ (35 粒/升) 且小于或等于 350000 粒/米³ (350 粒/升), 大于或等于 5 微米的尘粒数大于 300 粒/米³ (0.3 粒/升) 且小于或等于 3000 粒/米³ (3 粒/升)。

7. 接种工具

接种工具 (图 2-26) 主要用于菌种分离和菌种移接, 包括接种铲、接种针、接种环、接种钩、接种匙、接种刀、接种棒、镊子和液体菌种专用的接种枪等。

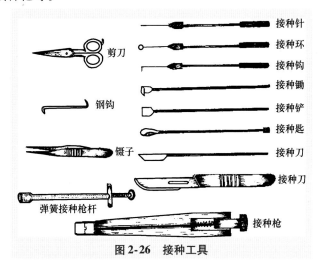

图 2-26 接种工具

四、培养设备

培养设备主要包括恒温培养箱、培养架和培养室等, 液体菌种还需要摇床和发酵罐等设备。

1. 恒温培养箱

恒温培养箱是主要用来培养试管斜面母种和原种的专用电器设备。

2. 培养室及培养架

一般栽培和制种规模比较大时，采用培养室培养菌种。培养室面积一般为 20 ~ 50 米²，采用温度控制仪或空调等控制温度，同时安装换气扇，以保持培养室内的空气清新。

图 2-27　培养架

培养室内一般设置培养架（图 2-27），架宽 45 厘米左右，上下层之间距离 55 厘米左右，培养架一般设 4 ~ 6 层，架与架之间距离 60 厘米。

五、培养料的分装容器

1. 母种培养基的分装容器

母种培养基的分装主要用玻璃试管、漏斗、玻璃分液漏筒、烧杯、玻璃棒等。试管规格以外径（毫米）×长度（毫米）表示，在食用菌生产中使用 18 毫米 ×180 毫米、20 毫米 ×200 毫米的试管。

2. 原种和栽培种的分装容器

原种和栽培种生产主要用塑料瓶、玻璃瓶、塑料袋等容器。原种一般采用容积为 850 毫升以下耐 126℃ 高温的无色（或近无色的）、瓶口直径小于或等于 4 厘米的玻璃瓶或近透明的耐高温塑料瓶（图 2-28），或采用 15 厘米 ×28 厘米耐 126℃ 高温、符合 GB4806.1—2016 标准的聚丙烯塑料袋。栽培种除可使用与原种相同的容器以外，还可使用 17 厘米 ×35 厘

图 2-28　塑料菌种瓶

米、耐 126℃ 高温、符合 GB4806.1—2016 标准的聚丙烯塑料袋。

六、封口材料

食用菌菌种生产的封口材料一般有套环（图 2-29）、无棉盖体

（图2-30）、棉花和扎口绳等。

图2-29　套环

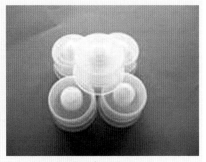

图2-30　无棉盖体

》》 七、生产环境调控设备 《《

食用菌菌种生产环境调控设备有制冷压缩机、制冷机组、冷风机、空调机和加湿器等设备。

》》 八、菌种保藏设备 《《

菌种保藏设备有低温冰箱、超低温冰箱和液氮冰箱3类，生产上一般采用低温冰箱保藏，其他两种设备一般用于科研院所菌种的长期保藏。

》》 九、液体菌种生产设备 《《

1. 液体菌种培养器

液体菌种培养器主要由罐体、空气过滤器、电子控制柜等几部分组成（图2-31、图2-32）。罐体部分包括各种阀门、压力表、安全阀、加热棒、视镜等。空气过滤器包括空气压缩机、滤壳、滤芯、压力表等。电子控制柜内主要是电路控制系统，该系统采用微型计算机来控制灭菌时间、灭菌温度、培养状态和培养时间。

2. 摇床

在食用菌生产中，也可使用简易摇床（图2-33）生产少量液体菌种。

液体菌种是采用生物培养（发酵）设备，通过液体深层培养（液体发酵）的方式生产食用菌菌球，作为食用菌栽培的种子。液体菌种是用液体培养基在发酵罐中通过深层培养技术生产的液体食用菌菌种，具有试管菌种、谷粒菌种、木屑菌种、棉籽壳菌种和枝条菌种等固体菌种不可比拟的物理性状和优势。

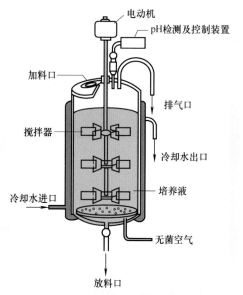

电动机

pH检测及控制装置

加料口

排气口

搅拌器

冷却水出口

培养液

冷却水进口

无菌空气

放料口

液体菌种培养

图2-31 液体菌种培养器示意图

图2-32 液体菌种培养器

图2-33 摇床

第三节 固体菌种制作

▶▶ 一、母种生产 ◀◀

1. 常用的斜面母种培养基配方

1）马铃薯葡萄糖琼脂培养基（PDA）配方：马铃薯（去皮）200

克，葡萄糖 20 克，琼脂 18 ~ 20 克，水 1000 毫升。

2）马铃薯葡萄糖蛋白胨琼脂培养基配方：马铃薯（去皮）200 克，蛋白胨 10 克，葡萄糖 20 克，琼脂 20 克，水 1000 毫升。

3）马铃薯综合培养基配方：马铃薯（去皮）200 克，磷酸二氢钾 3 克，维生素 B_1 2 ~ 4 片，葡萄糖 20 克，硫酸镁 1.5 克，琼脂 20 克，水 1000 毫升。

2. 木腐菌种培养基

1）麦芽浸膏 10 克，酵母浸膏 0.5 克，硫酸镁 0.5 克，硝酸钙 0.5 克，蛋白胨 1.5 克，麦芽糖 5 克，磷酸二氢钾 0.25 克，琼脂 20 克，水 1000 毫升。

2）酵母浸膏 15 克，磷酸二氢钾 1 克，硫酸钠 2 克，蔗糖 10 ~ 40 克，麦芽浸膏 10 克，氯化钾 0.5 克，硫酸镁 0.05 克，硫酸铁 0.01 克，琼脂 15 ~ 25 克，水 1000 毫升。

3. 保藏菌种培养基

1）玉米粉 50 克，葡萄糖 10 克，酵母膏 10 克，琼脂 15 克，水 1000 毫升。

2）蛋白胨 10 克，葡萄糖 1 克，酵母膏 5 克，琼脂 20 克，水 1000 毫升。

3）硫酸镁 0.5 克，磷酸氢二钾 1 克，葡萄糖 20 克，磷酸二氢钾 0.5 克，蛋白胨 2 克，琼脂 15 克，水 1000 毫升。

4. 母种培养基的配制

（1）材料准备　选取无芽、无变色的马铃薯，洗净去皮，称取 200 克，切成 1 厘米左右的小块。同时准确称取其他材料。酵母粉用少量温水溶化。

（2）热浸提　将切好的马铃薯小块放入 1000 毫升水中，煮沸后用文火保持 30 分钟。

（3）过滤　煮沸 30 分钟后用 4 层纱布过滤（图 2-34）。

（4）琼脂溶化　将琼脂粉事先溶于少量温水中，然后倒入培养基浸出液中溶化。煮琼脂时要

图 2-34　过滤

多搅拌，直至完全溶化。

（5）**定容** 琼脂完全溶化后，将各种材料全部加入液体中，加水定容至1000毫升，搅拌均匀。

（6）**分装** 选用洁净、完整、无损的玻璃试管，进行分装。一般分装量为试管长度的1/5～1/4。

⚠️ 【注意】 不要使培养基残留在近试管口的壁上，以免日后污染。若试管壁上沾有培养基，待冷却后用小手指把培养基推至离管口4～5厘米处（图2-35），然后再塞棉塞。

母种棉塞的制作

母种制作——灌管

培养基分装（试管）

塞上棉塞

分装完毕后，塞上棉塞（选用干净的梳棉制作），棉塞长度为3～3.5厘米，塞入管内1.5～2厘米，外露部分1.5厘米左右，松紧适度，以手提外露棉塞试管不脱落为度。然后将7支试管捆成1捆，用双层牛皮纸将试管口一端包好扎紧（图2-36）。

图2-35 去除试管口的培养基

（7）**灭菌** 灭菌前，先向锅内加足水分，然后将包扎好的试管直立放入灭菌锅套桶中，盖上锅盖，对角拧紧螺钉（图2-37），关闭放气阀，开始加热。严格按照灭菌锅使用说明进行操作，在0.15兆帕压力下保持30分钟。

（8）**摆斜面** 待压力自然降压至0时，打开放气阀放掉余气后，打开锅盖，自然降温20～40分钟后再摆放斜面。斜面长度以斜面顶端距离棉塞40～50毫米为好（图2-38）。

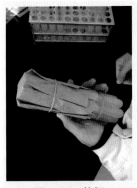

图 2-36 扎捆

图 2-37 拧紧锅盖

【提示】 如果不降温就摆放斜面，会由于温差过大，试管内易产生过多的冷凝水（图 2-39）。斜面摆放好后，在培养基凝固前，不宜再搬动。为防止斜面凝固过快和在斜面上方的试管壁形成冷凝水，可在摆好的试管上覆盖一层棉被，低温季节尤其重要。

图 2-38 摆斜面

图 2-39 斜面上方产生冷凝水

（9）无菌检查 随机抽取 3%～5% 的试管，置于 28℃ 恒温培养箱中，48 小时后检查，无任何微生物长出的为灭菌合格，即可使用。

5. 母种接种

（1）接种前准备

1）接种前，必须彻底清理打扫接种室（箱），经喷雾和熏蒸消毒后，使其成为无菌状态。工作人员要穿好工作服，戴好口罩、工作帽。

2）清洗干净接种工具，一般为金属材料的针、刀、耙、铲和钩。

3）用肥皂水洗手，擦干后再用 70%～75% 酒精棉球擦拭双手、菌种试管及一切接种用具。

4）可事先在试管上贴上标签，注明菌名、接种日期等。

5）将接种所需物品移入超净工作台（接种箱），按工作顺序放好，检查是否齐全，并用5%石炭酸（苯酚）溶液重点在工作台下方附近的地面喷雾消毒，打开紫外线灯照射灭菌30分钟（图2-40）。

（2）接种

1）关闭紫外灯（若需开日光灯，需间隔20分钟以上才可打开），用75%酒精棉球擦拭双手（图2-41）和母种外壁，并点燃酒精灯，其火焰周围10厘米区域均为无菌区，在该区接种可以避免杂菌污染。

图2-40　紫外灯消毒

图2-41　接种人员双手消毒

2）将菌种和斜面培养基的2支试管用大拇指和其他四指握在左手中，使中指位于两试管之间的部分，斜面向上并使它处于水平位置，先将棉塞用右手拧转松动，以利于接种时拔出。

📢 **【提示】** 拔棉塞时要旋转拔出，要使缓劲，否则会引起空气剧烈振动，使外界空气进入试管。

3）右手拿接种钩，在火焰上方将工具灼烧灭菌，凡在接种时进入试管的部分，都用火焰灼烧灭菌，操作时要使试管口靠近酒精灯火焰。

4）用右手小拇指、无名指、中指同时拔掉2支试管的棉塞，并用手指夹紧，用火焰灼烧管口（图2-42），灼烧时应不断转动试管口，杀灭试管口可能沾染上的杂菌。

5）将烧过并经冷却后的接种钩伸入菌种管内，去除上部老化、干瘪的菌丝块，然后取0.5厘米×0.5厘米大小的菌块，迅速将接种钩抽出试管，注意不要使接种钩碰到管壁。

6）在火焰旁迅速将接种钩伸进待接种试管，将挑取的菌块放在斜面培养基的中央（图2-43）。注意不要把培养基划破，也不要使菌种沾在管壁上。

图 2-42 灼烧管口

图 2-43 接种

母种的转接

试管转接
（无菌接种）

组织分离
制作母种

7) 抽出接种钩, 灼烧管口和棉塞, 并在火焰旁将棉塞塞上。每接 3~5 支试管, 要将接种钩在火焰上再次灼烧灭菌, 以防大面积污染。

6. 培养

(1) 恒温培养 接种完毕, 将接好的试管菌种放入 22~24℃ 的恒温培养箱中培养。

(2) 污染检查 接种后 2 天内要检查 1 次接种后杂菌污染的情况, 如果在试管斜面培养基上发现有绿色、黄色、黑色等非白色和非生长整齐一致的斑点及块状杂菌, 应立即剔除。以后每 2 天检查 1 次。挑选出菌丝生长致密、洁白、健壮, 无任何杂菌感染的试管菌种, 置于 2~4℃ 的冰箱中保藏。

▶▶ 二、原种、栽培种生产 ◀◀

1. 常见培养基及制作

(1) 以棉籽壳为主料培养基 见图 2-44。

1) 棉籽壳培养基配方:

① 棉籽壳 99%, 石膏 1%, 含水量 60%±2%。

② 棉籽壳 84% ~ 89%，麦麸 10%~15%，石膏 1%，含水量 60% ±2%。

③ 棉籽壳 54%~69%，玉米芯 20%~30%，麦麸 10%~15%，石膏 1%，含水量 60% ±2%。

④ 棉籽壳 54%~69%，阔叶木屑 20% ~ 30%，麦麸 10% ~ 15%，石膏 1%，含水量 60% ±2%。

图 2-44　棉籽壳为主料的培养基

2）棉籽壳培养基制作：先按配方比例计算出所需要的各原料的量，称取原料，再加入适量的水。适宜含水量的简便检验方法是用手抓一把加水拌匀后的培养料紧握，当指缝间有水但不滴下时，料内的含水量为适度。

（2）以木屑为主料培养基

1）木屑培养基配方：

① 阔叶树木屑 78%，麸皮或米糠 20%，蔗糖 1%，石膏 1%，含水量 58% ±2%。

② 阔叶树木屑 63%，棉籽壳 15%，麸皮 20%，糖 1%，石膏 1%，含水量 58% ±2%。

③ 阔叶树木屑 63%，玉米芯粉 15%，麸皮 20%，糖 1%，石膏 1%，含水量 58% ±2%。

2）木屑培养基制作：同棉籽壳培养基的制作。

（3）以麦粒为主料培养基

1）麦粒培养基配方：小麦 93%，杂木屑 5%，石灰或石膏 2%。

2）麦粒培养基制作：小麦过筛，除去杂物，再放入石灰水中浸泡，使其吸足水分，捞出后放入锅中用水煮透。趁热摊开，凉至麦粒表面无水膜，加入石膏、拌匀，然后装瓶、灭菌。

【提示】 麦粒培养基制作的要点是"煮透、晾干"，煮透是指掰开小麦粒，内部无白心，用牙咬不粘牙，吸足水分，且熟而不烂，无开花现象（图 2-45）；晾干是指加入石膏前用手抓一把麦粒，松开手小麦粒不粘手、自动下落。

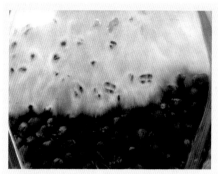

图 2-45 麦粒为主料的原种栽培种

（4）木块木条培养基

1）木块木条培养基配方：

①木条培养基：木条 85%，木屑培养基 15%，常用于塑料袋制栽培种，故通常称为木签菌种（图 2-46、图 2-47）。

图 2-46 木签菌种　　图 2-47 木签菌种的应用

②楔形和圆柱形木块培养基：木块 84%，阔叶树木屑 13%，麸皮或米糠 2.8%，白糖 0.1%，石膏 0.1%。

③枝条培养基：枝条 80%，麸皮或米糠 19.9%，石膏 0.1%。

2）木块木条培养基制作：

①木条培养基制作：先将木条在 0.1% 多菌灵液中浸泡 0.5 小时，捞起沥水后即放入木屑培养基中翻拌，使其均匀地粘上一些木屑培养基即可装瓶（袋）。装瓶（袋）时尖头要朝下，最后在上面铺约 1.5 厘米厚的木屑培养基即可。

②楔形和圆柱形木块培养基制作：先将木块浸泡 12 小时，将木屑按常规木屑培养料的制作法调配好，然后将木块倒入木屑培养基中拌

匀、装瓶（袋），最后再在木块面上盖一薄层木屑培养基按平即可。

③ 枝条培养基制作：选 1～2 年生、粗 8～12 毫米板栗、麻栎或梧桐等适生树种的枝条，先劈成两半，再剪成约 35 毫米长、一头尖一头平的小段，投入 40～50℃的营养液中浸泡 1 小时，捞出沥去多余水分，与麸皮或米糠混匀，再用滤出的营养液调节含水量后加入石膏拌匀，即可装瓶、灭菌。其中营养液配方为蔗糖 1%、磷酸二氢钾 0.1%、硫酸镁 0.1%，混匀后溶于水即可。

2. 培养基灭菌

（1）高压灭菌 木屑培养基和草料培养基在 0.12 兆帕条件下灭菌 1.5 小时或 0.14～0.15 兆帕下 1 小时；谷粒培养基、粪草培养基和种木培养基在 0.14～0.15 兆帕条件下灭菌 2.5 小时。装容量较大时，灭菌时间要适当延长（图 2-48）。

【注意】 灭菌完毕后，应自然降压至 0，不要强制降压。

（2）常压灭菌 常压灭菌是采用常压灭菌锅进行蒸汽灭菌的方法（图 2-49）。锅内的水保持沸腾状态时的蒸气温度一般可达 100～108℃，灭菌时间以袋内温度达到 100℃以上开始计时。常压灭菌要在 3 小时之内使灭菌室温度达到 100℃，且在 100℃下保持 10～12 小时，然后停火焖锅 8～10 小时后出锅。母种培养基、原种培养基、谷粒培养基、粪草培养基和种木培养基，应采用高压灭菌，不能用常压灭菌。常压灭菌操作要点是"攻头、控中、保尾"。"攻头"是指菌袋装锅后 3 小时内锅内温度达到 100℃；"控中"是指灭菌途中不能停火降温；"保尾"是指灭菌 8～10 小时后，停火焖 5～6 小时。

图 2-48　高压灭菌

图 2-49　常压灭菌

1）迅速装料，及时进灶：如果不能及时装料和进灶灭菌，料中存在的酵母菌、细菌、真菌等竞争性杂菌遇到适宜条件迅速增殖，尤其是在高温季节，如果装料时间过长，酵母菌、细菌等会将基质分解，而引起培养料的酸败，导致灭菌不彻底。

2）菌种袋应分层放置：菌种袋堆叠过高，不仅难以透气，还会使受热后的塑料袋相互挤压会粘连在一起，形成蒸汽无法穿透的"死角"。为了使锅内蒸汽充分流畅，菌种袋常按照顺码式堆放，每放4层，放置1层架隔开或直接放入周转筐中灭菌。

> **【小窍门】** 如果常压灭菌出现成批量灭菌不彻底的问题，可在常压灭菌锅四角用不同颜色的绳子系袋，哪种绳子标记的菌袋污染较多，对应的哪个方位就是灭菌"死角"。灭菌死角可少放或不放菌袋。

3）旺火高温3小时：加足水量，旺火升温，高温足时。在常压灭菌过程中，如果锅内很长时间达不到100℃，培养基的温度处于耐高温微生物的适温范围内，这些微生物就会在该段时间内迅速增殖，严重的可造成培养料酸败。因此，在常压灭菌中，用旺火攻头，使灭菌灶内温度在3小时内达到100℃，是取得彻底灭菌效果的措施之一。

【提示】 蒸汽的热量首先被灶顶及四壁吸收，然后逐渐向中、下部传导，被料袋吸收。在一般火势下，要经过4~6小时才能透入料袋中心，使袋中温度接近100℃，所以整个灭菌过程中要始终保持旺火加热，最好在4~6小时要上大气。其间要注意补水，防止烧干锅，但不能加冷水，一次补水不宜过多，应少量多次，一般每小时加水1次，不可停火。

4）停火后操作：灭菌时间达到后，停止加热，利用余热再封闭8~10小时，待料温降至50~60℃时，趁热移入冷却室内冷却，同时可趁热进行下一锅菌袋的灭菌。

冷却室

【注意】 采用棉塞封口的要趁热在灭菌锅内烘干棉塞，待棉塞干后趁热出锅，不可强行开锅冷却，以免造成迅速冷却使冷空气进入菌种袋内而污染杂菌。趁热出锅，放置在冷却室或接种室内，冷却至28℃左右接种。

➡【小窍门】　常压灭菌常会出现第一锅灭菌不彻底的情况，主要原因是装锅时锅体凉，升温慢。针对这种情况，可提前对空锅进行一次灭菌，然后再正常进行菌袋灭菌。

3. 接种

（1）接种场所

1）接种车间：一般是在食用菌工厂化生产的接种室配备菇房空间电场空气净化与消毒机，配合超净工作台进行接种。

2）接种室：一般接种室面积以 6 米^2 为宜，长 3 米、宽 2 米、高 2～3 米。室内墙壁及地面要平整、光滑，接种室的门通常采用左右移动的推拉门，以减少空气振动。接种室的窗户要采用双层玻璃，窗内设黑色布帘，使得门窗关闭后能与外界空气隔绝，便于消毒。有条件的可安装空气过滤器。

【提示】　接种室应设在灭菌室和菌种培养室之间，以便培养基灭菌后可迅速移入接种室，接种后即可移入培养室，避免在长距离搬运过程中造成人力和时间的浪费，并招致污染。

3）塑料袋接种帐（图 2-21）：用木条或铁丝做成框，用铁丝固定，再将薄膜焊成蚊帐状，然后罩在框架上，地面用木条压住薄膜，就完成了塑料接种帐的制作，可代替接种室使用。接种帐的容量大小，可根据生产需要确定。一般每次可接种 500～2000 瓶（袋）。

4）接种箱：见图 2-50。

（2）消毒　把菌种瓶（袋）、灭菌后的培养基及接种工具放入接种场所，然后进行消毒。先用 3% 的煤酚皂液或 5% 石炭酸水溶液喷雾消毒或使用气雾消毒剂熏蒸消毒 30 分钟，使空气中微生物沉降，然后打开紫外线灯照射 30 分钟后接种。操作者进入接种室时，要穿工作服、

图 2-50　接种箱

鞋套，戴上帽子和口罩，操作前双手要用 75% 酒精棉球擦洗消毒，动作要轻缓，尽量减少空气流动。

（3）接种

1）原种接种

① 接种前准备好清洁无菌的接种室、待接种的母种菌种、原种培养基和接种工具等，接种人员穿上工作服，将试管母种接入原种瓶，注意瓶装培养基温度要降到28℃以下方可接种。

② 点燃酒精灯，各种接种工具先经火焰灼烧灭菌。

③ 在酒精灯上方10厘米无菌区轻轻拔下棉塞，立即将试管口倾斜，用酒精灯火焰封锁，防止杂菌侵入管内，用消毒过的接种钩伸入菌种试管，在试管壁上稍停留片刻使之冷却，以免烫死菌种，按无菌操作要求将试管斜面菌种横向切割6~8块。

④ 在酒精灯上方无菌区内，将待接菌瓶封口打开，用接种钩取分割好的菌块，轻轻放入原种瓶内，立即封好口，一般每支母种可接5~6瓶原种。

2）栽培种接种：

① 接种前检查原种棉塞和瓶口的菌膜上是否染有杂菌，如果有污染，应弃之不用。

② 打开原种封口，灼烧瓶口和接种工具，剥去原种表面的菌皮和老化菌种。

③ 如果是双人接种，可一人负责拿菌种瓶，用接种钩接种，另一人负责打开栽培种的瓶口或袋口然后封好口。

④ 接种的菌种不可扒得太碎，最好呈蚕豆粒或核桃粒状，以利于发菌。

⑤ 接种后迅速封好瓶口。1瓶谷粒种接种不应超过50瓶（袋），木屑种、草料种不应超过35瓶（袋）。

⑥ 接种结束后，应及时将台面、地面收拾干净，并用5%石炭酸水溶液喷雾消毒，关闭室门。

4. 培养

（1）培养室消毒 接种后的菌瓶（袋）在进入培养室前，要对培养室进行消毒灭菌。

（2）菌种培养 原种和栽培种在培养初期，要将温度控制在25~28℃。在培养中后期，将温度调低2~3℃。因为菌丝生长旺盛时，新陈代谢放出热量，瓶（袋）内温度要比室温高出2~3℃，如果温度过高会导致菌丝生长纤弱、老化。在菌种培养 25 ~ 30 天，宜采取降温措施，减缓菌丝的生长速度，从而使菌丝整齐、健壮。一般 30 ~ 40 天菌丝可吃透培养料，此时可把温度稍微降低一些，缓冲培养 7 ~ 10 天，使菌种进一步成熟。

（3）污染检查 接种后 7 ~ 10 天，每隔 2 ~ 3 天逐瓶检查 1 次，发现杂菌立即挑出，拿出培养室，妥善处理，以防引起大面积污染。

【提示】 如果在培养料深部出现杂菌菌落，说明灭菌不彻底；而在培养料表面出现杂菌，说明在接种过程中的某一环节没有达到无菌操作要求。

➡【小窍门】 无菌四原则：

1）不产生杂菌：清理残料、木质、纸类等杂菌可能繁殖的物料。

2）不聚集杂菌：无菌室表面及墙角要做得平滑、易清扫。

3）不带入杂菌：穿戴专用的着装，工具严格消毒后带入、密封。

4）清除杂菌：采用高效过滤器、杀菌剂、臭氧等消毒。

第四节　液体菌种制作

近年来，采用深层培养工艺制备食用菌液体菌种用于生产成为研发热点，涌现出了许多液体发酵设备、生产厂家，液体菌种已在平菇、真姬菇、双孢蘑菇、毛木耳、香菇、黑木耳、金针菇和灰树花等食用菌生产中采用。液体菌种在降低生产成本、缩短生产周期、提高菌种质量方面具有显著效果。目前，中国、日本、韩国在食用菌工厂化生产中已普遍采用液体菌种（图 2-51）。

图 2-51　液体菌种

一、液体菌种的特点

1. 优点

(1) 制种速度快，可缩短栽培周期 在液体培养罐内的菌丝体细胞始终处于最适温度、氧气、碳氮比、酸碱度等条件下，菌丝分裂迅速，菌体细胞是以几何数字的倍数加速增殖，在短时间内就能获得大量菌球（即菌丝体），一般5~6天完成1个培养周期。使用液体菌种接种到培养基上，菌种均匀分布，发菌速度大大加快，并且出菇集中，减少潮次，周期缩短，栽培的用工、能耗、场地等成本都大大降低。

(2) 菌龄一致、活力强 液体菌种在培养罐内营养充足、环境没有波动，生长代谢的废气能及时排出，菌体始终处于旺盛生长状态，因此菌丝活力强，菌球菌龄一致。

(3) 减少接种后杂菌污染 由于液体具有流动性，接入后易分散，萌发点多，萌发快，在适宜条件下，接种后3天左右菌丝就会布满接种面，使栽培污染得到有效控制。

(4) 液体菌种成本低 一般每罐菌种成本为10元左右，可接种4000~5000袋，所以每袋菌种成本不超过0.3分钱。

2. 缺点

(1) 储存时间短 一般条件下，液体菌种制成后应立即投入栽培生产，不宜存放。即使在2~4℃条件下，储存时间也不要超过1周。

(2) 适用对象窄 液体菌种适应于连续生产，尤其规模化、工厂化生产。而我国的食用菌生产多为散户栽培，投资水平、技术水平等条件的先天不足，决定了固体菌种在我国适应广，液体菌种适应范围窄。

(3) 设施、技术要求高 液体菌种需要专门的液体菌种培养器，并且对操作技术要求极高，一旦污染，则整批全部污染，必须放罐、排空后进行清洗、空罐灭菌，然后方可进行下一批生产。

(4) 应用范围窄 由于其液体中速效营养成分较高，生料或发酵料中病原较多，故播后极易污染杂菌。所以，液体菌种只适于熟料栽培。

二、液体菌种的生产

1. 液体菌种生产环境

(1) 生产场所 液体菌种生产场所应距工矿业的"三废"及微生

物、烟尘和粉尘等污染源 500 米以上，且交通方便，水源和电源充足，有硬质路面、排水良好的道路。

（2）**液体菌种生产车间** 生产车间的地面应能防水、防腐蚀、防渗漏、防滑、易清洗，应有 1.0°～1.5°的排水坡度和良好的排水系统，排水沟必须是圆弧式的明沟。墙壁和天花板应能防潮、防霉、防水、易清洗。

（3）**液体菌种接种间** 应设置缓冲间，设置与职工人数相适应的更衣室。缓冲间入口处设置洗手、消毒和干手设施。接种车间设封闭式废物桶，安装排气管道或者排风设备，门窗应设置防蚊蝇纱网。

2. 生产设施设备

（1）**生产设施** 配料间、发菌间、冷却间、接种间、培养室和检测室规模要配套，布局合理，要有调温设施。

（2）**生产设备** 包括液体菌种培养器（图 2-52、图 2-53）、液体菌种接种器、高压蒸汽灭菌锅、蒸汽锅炉、超净工作台、接种箱、恒温摇床、恒温培养箱、冰箱、显微镜、磁力搅拌机、磅秤、天平和酸度计等。

其中液体菌种培养器、高压灭菌锅和蒸汽锅炉应使用经政府有关部门检验合格，符合国家压力容器标准的产品。

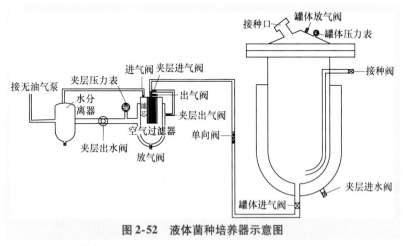

图 2-52 液体菌种培养器示意图

3. 液体培养基制作

（1）**罐体夹层加水** 首先对液体菌种培养器夹层加水，方法是用硅胶软管连接水管和罐体下部的加水口，同时打开夹层放水阀进行加水，水量加至放水阀开始出水即可。

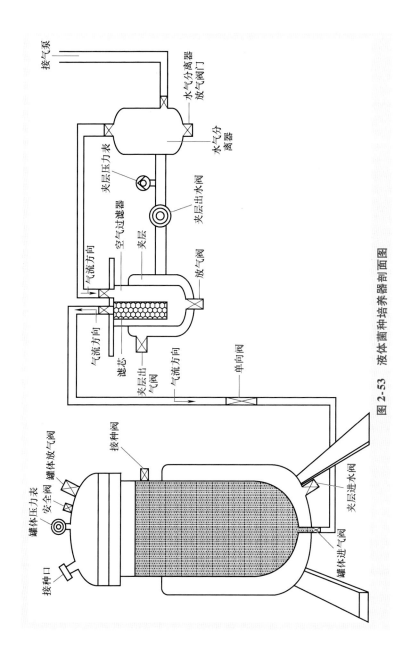

图 2-53 液体菌种培养器剖面图

（2）液体培养基配方（120 升） 玉米粉 0.75 千克、豆粉 0.5 千克，均过 80 目筛（孔径约 180 微米）。首先用温水把玉米粉、豆粉搅拌均匀，不能有结块，通过吸管或漏斗加入罐体，液体量占罐体容量的 80% 为宜，然后加入 20 毫升消泡剂，最后拧紧接种口螺钉。

通过吸管将液体
培养基加入罐体

加入消泡剂后
拧紧接种口螺钉

（3）液体培养基灭菌 调整控温箱温度至 125℃，打开罐体加热棒开始对罐体进行加热，在 100℃ 之前一直开启罐体夹层出水阀，以放掉夹层里的虚压和多余的水。

1）液体培养基气动搅拌：温度在 70℃ 以下时，打开空气压缩机，通过其储气罐和空气过滤器对罐体培养基进行气动搅拌，防止液体结块。

开气泵搅拌的步骤为：打开空气过滤器上方的进气阀、出气阀和下方的放气阀，开启气泵电源后，关闭空气过滤器下方的放气阀，打开罐体最下方的进气阀和最上方的放气阀。

2）关闭气泵：当罐体内培养基达 70℃ 时，关闭气泵。方法是：按顺序关罐底进气阀、开空气过滤器放气阀、关气泵电源。把主管接到之前一直关闭的空气过滤器出气阀，此时空气过滤器放气阀、进气阀、出气阀全关闭。空气过滤器内可加入少量水，水位在滤芯以下，并关闭罐体放气阀。

3）灭菌：当夹层出水阀出热蒸汽 3～5 分钟后关闭。当夹层压力表达 0.05 兆帕时，打开空气过滤器夹层出气阀，再打开罐体进气阀，然后小开罐体放气阀。待主管烫手后，关闭罐体放气阀。待罐体压力表达到 0.15 兆帕开始计时，保持 30～40 分钟，保持压力期间可以温调压。

4）降温：调温至 25℃，关闭加热棒、罐底进气阀、空气过滤器夹层出气阀。用燃烧的酒精棉球烧空气过滤器出气阀 40～50 秒，在此期间可小开 5～6 秒空气过滤器出气阀，放蒸汽。在酒精棉球火焰的保护下把主管接回空气过滤器出气阀（图 2-54）。

5）放夹层热水：打开空气过滤器出气阀和空气过滤器进气阀，小开罐体放气阀，通过夹层进水阀把夹层热水放掉，直至夹层压力表压力为0。

（4）冷却　打开夹层放水阀，夹层进水阀通过硅胶软管接入水管，进行冷却。当罐体压力表压力降至0.05兆帕时，打开气泵以防止罐体在冷却过程中产

图2-54　主管接空气过滤器出气阀

生负压造成污染，并使下部冷水向上冷却较快。

放掉夹层里的
虚压和多余的水

液体培养基
灭菌结束

开气泵顺序依次为：打开空气过滤器下部放气阀、开空气过滤器上方出气阀、开气泵、关空气过滤器放气阀、开罐体进气阀，通过罐体放气阀调节罐体压力在0以上直至罐体温度降至28℃以下，等待接种。

4. 接种

（1）固体专用种　液体菌种的固体专用种培养基配方一般为（120升）：过40目筛（孔径约380微米）的木屑500克、麸皮100克、石膏10克，料水比1:1.2。原料混合均匀后装入500毫升三角瓶内，高压灭菌后接入母种，在洁净环境中培养至菌丝长满培养基（图2-55）。

（2）制备无菌水　1000毫升的三角瓶加入500~600毫升的自来水，用手提式高压灭菌锅在121℃、0.12兆帕条件下保持

图2-55　固体专用种

30 分钟即可制备无菌水。冷却后用于固体专用种接入。

（3）固体专用种并瓶

1）接种用具：酒精灯、75% 酒精、尖嘴镊子、接种工具和棉球。

2）消毒：旋转固体专用种的三角瓶壁用酒精灯火焰均匀地进行消毒后，连同接种工具、无菌水放入接种箱或超净工作台中进行消毒。

3）接种：消毒 20 分钟后进行接种。用 75% 酒精棉球擦手，用酒精灯火焰对接种工具进行灼烧灭菌。用灭菌后的接种工具在酒精灯火焰下去掉三角瓶固体专用种的表层部分。把菌种中下部分搅碎后在酒精灯火焰保护下分 3 ~ 4 次加入无菌水中（图 2-56），然后用手腕摇动三角瓶使菌种和无菌水充分接触，静置 10 分钟后接入罐体。

（4）菌种接入罐体

1）制作火焰圈：用带有手柄的内径略大于接种口的铁丝圈缠绕纱布，蘸上 95% 酒精。

2）接种：打开罐体放气阀使压力降至 0，把火焰圈套在接种口上，点燃火焰圈后关闭放气阀。打开接种口，然后快、稳、轻地接入菌种（图 2-57），然后拧紧接种口的螺钉。

液体菌种
发酵罐接种

图 2-56　固体专用种并瓶

图 2-57　菌种接入罐体

5. 液体菌种培养

通过气泵充气和调整放气阀使罐体压力表压力在 0.02 ~ 0.03 兆帕、温度控制在 24 ~ 26℃、通气量为 1:0.8 等条件下进行液体菌种培养。液体菌种在上述条件下培养 5 ~ 6 天可达到培养指标（图 2-58）。

6. 液体菌种检测

接种后第 4 天进行检测。首先用酒精火焰球灼烧取样阀 30 ~ 40s 后，弃掉最初流出的少量液体菌种，然后用酒精火焰封口直接放入经灭菌的三角瓶中，塞紧棉塞，取样后用酒精火焰把取样阀烧干，以免杂菌进入造成污染。

将样品带入接种箱，分别接入到试管斜面或培养皿的培养基上，放入28℃恒温箱培养2~5天，采用显微镜和感官观察菌丝生长状况和有无杂菌污染。若无

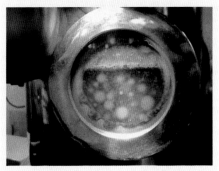

图2-58　培养中的液体菌种

细菌、霉菌等杂菌菌落生长，则表明该样品无杂菌污染。菌种检测应在培养结束前完成。

➡【小窍门】　有些单位条件有限，可采取感官检验，按"看、旋、嗅"的步骤进行检测。

"看"：将样品静置桌面上观察，一看菌液颜色和透明度，正常发酵的料液清澈透明，染菌的料液则浑浊不透明。二看菌丝形态和大小，正常的菌丝体大小一致，菌丝粗壮，线条分明；而染菌后，菌丝纤细，轮廓不清。三看pH指示剂是否变色，在培养液中加入甲基红或复合指示剂，经3~5天颜色改变，说明培养液pH达到4，为发酵终点；如果24小时内发生变色，说明杂菌快速生长致使培养液酸度剧变。四看有无酵母线，如果在培养液与空气交界处有灰条状附着物，说明有酵母菌污染，灰条状附着物称为酵母线。

"旋"：手提样品瓶轻轻旋转一下，观察菌丝体的特点。若菌丝的悬浮力好，放置5分钟后不沉淀，说明菌丝活力好。若迅速漂浮或沉淀，说明菌丝已老化或死亡。再观察菌丝形态，若大小不一、毛刺明显，则表明供氧不足。若菌球缩小且光滑，或菌丝纤细伴有自溶现象，则说明污染了杂菌。

"嗅"：在旋转样品后，打开瓶盖嗅气味，培养好的优质液体菌种均有芳香气味，而染杂菌的培养液则散发出酸、甜、霉、臭等各种气味。

污染杂菌的主要原因有菌种不纯、培养料灭菌不彻底、并瓶和接种操作不规范等几方面。

7. 优质液体菌种指标

(1) 感官指标 见表2-1。

表2-1 液体菌种感官指标

项　目	感官指标
菌液色泽	球状菌丝体呈白色，菌液呈棕色
菌液形态	菌液稍黏稠，有大量片状或球状菌丝体悬浮、分布均匀、不上浮、不下沉、不迅速分层，菌球间液体不浑浊
菌液气味	具液体培养时特有的香气，无酸、臭等异味，培养器排气口气味正常，无明显改变

(2) 理化指标 见表2-2。

表2-2 液体菌种理化指标

项　目	理化指标
固形物体积占比（%）	≥80
菌丝球直径/毫米	2～3
pH	5.5～6
菌丝湿重/（克/升）	≥80
菌丝干重率	2%～3%
显微镜下菌丝形态和杂菌鉴别	可见液体培养特有的菌丝形态，球状和丛状菌丝体大量分布，菌丝粗壮，菌丝内原生质分布均匀、染色剂着色深。无霉菌菌丝、酵母和细菌菌体
留存样品无菌检查	有食用菌菌丝生长，划痕处无霉菌、酵母菌、细菌菌落生长

≫≫ 三、放罐接种 ≪≪

1. 液体菌种接种器消毒

液体接种器需经高压灭菌后使用。

2. 接种

将待接种的栽培瓶（袋）通过输送带输入至无菌接种区。在接种区用接种器将液体菌种注入，每个接种点15～30毫升（图2-59）。

菌袋接种
（液体菌种）

图2-59 液体菌种接种

四、保 藏

液体菌种生产完成后，应立即用于菌种生产或栽培袋接种，若因某些原因不能立即使用时，需进行降温、保压处理。

在培养器内通入无菌空气，保持罐压 0.02 ~ 0.04 兆帕，液温 6 ~ 10℃可保藏 3 天，11 ~ 15℃可保藏 2 天。

五、液体菌种应用前景

液体菌种接入固体培养基时，具有流动性、易分散、萌发快、发菌点多等特点，较好地解决了接种过程中萌发慢、易污染的问题，菌种可进行工厂化生产。液体菌种不分级别，可以作为母种生产原种，还可以作为栽培种直接用于栽培生产。

液体菌种应用于食用菌的生产，促进了食用菌行业从传统生产上的烦琐复杂、周期长、成本高、凭经验、拼劳力和手工作坊式向自动化、标准化、规模化生产，对整个食用菌产业转型升级具有重要意义。

第五节 菌种生产中的注意事项和常见问题

一、母种制作、使用中的异常情况和原因分析

1. 母种培养基凝固不良

母种制作过程中培养基灭菌后凝固不良，甚至不凝固，可以按照以下步骤分析原因。

1）先检查培养基组分中琼脂的用量和质量。

2）如果琼脂没有问题，再用 pH 试纸检测培养基的酸碱度，看培养基是否过酸，一般 pH 低于 4.8 时凝固不良；当需要较酸的培养基时，可以适当增加琼脂的用量。

3）灭菌时间过长，一般在 0.15 兆帕超过 1 小时后易凝固不良。

【提示】 如果以上都正常，我们还要考虑称量工具是否准确，有些小市场卖的称量工具不是很准确，要到正规厂家或专业商店购买。

2. 母种不萌发

母种接种后，接种物一直不萌发，其原因有以下几种。

1）菌种在 0℃甚至以下保藏，菌丝已冻死或失去活力。

【提示】 检测菌种活力的方法：如果原来的母种试管内还留有菌丝，再转接几支试管，培养观察，最好使用和上次不同时间制作的培养基。如果还是不长，表明母种已经丧失活力。如果第二次接种物成活了，表明第一次的培养基有问题。

2）菌龄过老，生活力衰弱。

3）接种操作时，母种块被接种铲、酒精灯火焰烫死。

4）母种块没有贴紧原种培养基，菌丝萌发后缺乏营养死亡。

5）接种块因太薄太小干燥而死。

6）母种培养基过干，菌丝无法活化，菌丝无法吃料生长。

3. 发菌不良

母种发菌不良的表现多种多样，常见的有生长缓慢、生长过快但菌丝稀疏、生长不均匀、菌丝不饱满和色泽灰暗等。

母种发菌不良的主要原因有：培养基干缩、菌丝老化、品种退化、培养温度不适宜、棉塞过紧和接种箱中或培养环境中残留有毒气体，如甲醛等。以上原因都会造成菌生长缓慢、菌丝稀疏纤弱等发菌不良现象的发生。

4. 杂菌污染

发生大量杂菌污染的情况，其原因如下。

（1）培养基灭菌不彻底 灭菌不彻底的原因除灭菌的各个环节不

规范外，还包括高压灭菌锅不合格的原因。

（2）接种时感染杂菌 其原因有接种箱或超净工作台灭菌不彻底（含气雾消毒剂不合格、紫外线灯老化），接种时操作不规范等原因。

（3）菌种自身带有杂菌 启用保藏的一级种，认真检查是否有污染现象。如果斜面上呈现明显的黑色、绿色、黄色等菌落，说明已遭真菌污染。将斜面放在向光处，从培养基背面观察，如果在气生菌丝下面有黄褐色圆点或不规则斑块，说明已遭细菌污染。被污染的菌种绝不能用于扩大生产。

5. 母种制作和使用过程中应注意的事项

（1）培养基的使用 制成的母种培养基，在使用前应做无菌检查，一般将其置在24℃左右恒温箱内培养48小时，证明无菌后方可使用。制备好的培养基，应及时用完，不宜久存，以免降低其营养价值或致其成分发生变化。

（2）出菇鉴定 投入生产的母种，不论是自己分离的菌种或由外地引入的菌种，均应做出菇鉴定，全面考核其生产性状、遗传性状和经济性状后，方能用于生产。母种选择不慎，将会对生产造成不可估量的损失。

（3）母种保藏 已经选定的优良母种，在保藏过程中要避免过多转管。转管时所造成的机械损伤，以及培养条件变化所造成的不良影响，均会削弱菌丝生活力，甚至导致遗传性状的变化，使出菇率降低，甚至造成菌丝的"不孕性"而丧失形成子实体的能力。因此引进或育成的菌种在第一次转管时，可较多数量扩转，并以不同方法保藏。用时从中取出一管大量繁殖作为生产母种用。一般认为保藏的母种经3～4次代传，就必须用分离方法进行复壮。

（4）建立菌种档案 母种制备过程中，一定要严格遵守无菌操作规程，并标好标签，注明菌种名称（或编号）、接种日期和转管次数，尤其在同一时间接种不同的菌种时，要严防混杂。母种保藏应指定专人负责，并建立"菌种档案"，详细记载菌种名称、菌株代号、菌种来源、转管时间和次数，以及在生产上的使用情况。

（5）防止误用菌种 从冰箱取出保藏的母种，认真检查贴在试管上的标签或标记，切勿使用没有标记或判断不准的菌种，以防误用菌种而造成更大的损失。

（6）**母种选择** 保藏的母种菌龄不一致，要选菌龄较小的母种接种；切勿使用培养基已经干缩或开始干缩的母种，否则会影响菌种成活或导致生产性状的退化。

（7）**菌种扩大** 保藏时间较长的菌种，菌龄较老的菌种或对其存活性有怀疑时，可以先接若干管，在新斜面上长满后，用经过活化的斜面再进行扩大培养。

（8）**防止污染** 保藏母种在接种前，认真地检查是否有污染现象。斜面上有明显绿色、黄色、黑色的菌落，说明已遭受真菌污染；管口内的棉塞，由于吸潮生霉，只要有轻微振动，分生孢子很容易溅落到已经长好的斜面上，在低温保藏条件下受到抑制，很难发现；将斜面放在向光处，从培养基背面观察，在气生菌丝下面有黄褐色圆形或不定形斑块，是混有细菌的表现。已经污染的母种不能用于扩大培养。

（9）**活化培养** 在冰箱中长期保藏的菌种，自冰箱取出后，应放在恒温箱中活化培养，并逐步提高培养温度，活化培养时间一般为2～3天。若在冰箱中保存时间超过3个月，最好转管培养一次再用，以提高接种成功率和萌发速度。

⚠️ 【注意】 保藏的菌种，不论在何种情况下都不可全部用完，以免菌种失传，对生产造成损失。

（10）**菌种保藏** 认真安排好菌种生产计划，菌丝在斜面上长满后立即用于原种生产，能加快菌种定植速度。若不能及时使用，应在斜面长满后，及时用玻璃纸或硫酸纸包好，置于低温避光处保藏。

》》 二、原种、栽培种制作与使用中的异常情况和原因分析 《《

1. 接种物萌发不正常

原种、栽培种接种物萌发不正常，主要表现为两种情况：一是不萌发或萌发缓慢；二是萌发出的菌丝纤细无力，扩展缓慢。其发生原因的分析思路为：培养温度→培养基含水量→培养基原料质量→灭菌过程和效果→母种。对于接种物不萌发，或萌发缓慢，或扩展缓慢来说，以上几个方面的因素必有其一，甚至可能是多因子共同影响的结果。

（1）**培养温度过高** 培养温度过高会造成接种物不萌发、萌发迟缓、生长迟缓。

（2）**含水量过低** 尽管拌料时加水量充足，但由于拌料不均匀，造成培养基含水量的差异，含水量过低的菌种瓶（袋）中接种物常干枯而死。

（3）**培养基原料霉变** 正处霉变期的原料中含有大量有害物质，这些物质耐热性极强，在高温下不易分解变性，甚至在高压高温灭菌后仍保留其毒性，接种后，菌种不萌发。具体确定方法是将培养基和接种块取出，分别置于 PDA 培养基斜面上，于适宜温度下培养，若不见任何杂菌长出，而接种块则萌发、生长，即可确定为这一因素。

（4）**灭菌不彻底** 多数情况下无肉眼可见的菌落，有时在含水量过大的瓶（袋）壁上，在培养基的颗粒间可见到灰白色的菌膜。多数食用菌在有细菌存在的基质中不能萌发和正常生长。具体检查方法是在无菌条件下取出菌种和培养料，接种于 PDA 培养基斜面上，于适宜温度下培养，24～28 小时后检查，在接种物和培养料周围都有细菌菌落长出。

（5）**母种菌龄过长** 菌种生产者应使用菌龄适当的母种，多种食用菌母种使用的最佳菌龄都是在长满斜面后 1～5 天，栽培种生产使用原种的最佳菌龄是在长满瓶（袋）14 天之内。在计划周密的情况下，母种和原种生产、原种和栽培种的生产紧密衔接是完全可行的。若母种长满斜面后 1 周内不能使用，要及早置于 4～6℃下保藏。

2. 发菌不良

原种、栽培种的发菌不良有生长缓慢或生长过快但菌丝纤细稀疏，生长不均匀，菌丝不饱满，色泽灰暗等。造成发菌不良的原因主要有以下几方面。

（1）**培养基酸碱度不适** 用于制作原种、栽培种的培养料 pH 过高或过低，我们可将发菌不良的菌种瓶（袋）的培养基挖出，用 pH 试纸测试。

（2）**原料中混有有害物质** 多数食用菌原种、栽培种培养基原料的主料是阔叶木屑、棉籽壳、玉米粉、豆秸粉等，但若混有如松、杉、柏、樟和桉等树种的木屑或原料会有霉变迹象，都会影响菌种的发菌。

（3）**灭菌不彻底** 培养基中有肉眼看不见的细菌，会严重影响食用菌菌种菌丝的生长。有的食用菌虽然培养料中残存有细菌，但仍能生长。如平菇菌种外观异常，表现为菌丝纤细稀疏、干瘪不饱满、色泽灰暗，长满基质后菌丝逐渐变得浓密，如果不慎将后期菌丝变浓密的菌种用来扩大栽培种将导致批量污染的情况发生。

（4）水分含量不当 培养料水分含量过多或过少都会导致发菌不良，特别是含水量过大时，培养料氧气含量显著减少，将严重影响菌种的生长。在这种情况下，往往长至瓶（袋）中下部后，菌丝生长变缓，甚至不再生长。

（5）培养室环境不适 培养室温度与空气相对湿度过高、培养密度大的情况下，环境的空气流通交换不够，影响菌种氧气的供给，导致菌种缺氧，生长受阻。这种情况下，菌种外观色泽灰暗、干瘪无力。

（6）虫害 虫害会导致菌种有的区域菌丝稀疏或者没有（图2-60）。

3. 杂菌污染

在正常情况下，原种、栽培种或栽培袋的污染率在5%以下，各个环节和操作规范者，常只有1%～2%。如果超出这一范围，则应该认真查找原因并采取相应措施予以控制。

图2-60 发生虫害的菌种

（1）灭菌不彻底 灭菌不彻底导致污染发生的特点是污染率高、发生早，污染出现的部位不规则，培养物的上、中、下各部均出现杂菌。这种污染常在培养3～5天即可出现。影响灭菌效果的因素主要有以下几个。

1）培养基的原料性质：常用的培养基灭菌时间的长短顺序是木屑＜草料＜木塞＜粪草＜谷粒。从培养基原料的营养成分上分析，糖、脂肪和蛋白质含量越高，传热性越差，对微生物有一定的保护作用，灭菌时间要相对长，因此添加麦麸、米糠较多的培养基所需灭菌时间较长。从培养基的自然微生物基数上看，微生物基数越高，灭菌需时越长，因此培养基加水配备均匀后，要及时灭菌，以免其中的微生物大量繁殖影响灭菌效果。

2）培养基的含水量和均匀度：水的热传导性能较木屑、粪草、谷粒等的固体培养基要强得多，如果培养基配制时预湿均匀，吸透水，含水量适宜，灭菌过程中达到灭菌温度需时短，灭菌就容易彻底。相反，若培养基中夹杂有未浸入水分的"干料"，俗称"夹生"，蒸汽就不易穿透干燥处，达不到彻底灭菌的效果。

【提示】 培养基配制过程中，一定要使水浸透料。木塞谷粒、粪草应充分预湿，浸透或捣碎，以免"夹生"。

3）容器：玻璃瓶较塑料袋热传导慢，在使用相同培养基、相同灭菌方法时，瓶装培养基的灭菌时间要较塑料袋装培养基稍长。

4）灭菌方法：相比较而言，高压灭菌可用于各种培养基的灭菌，关键是把冷空气排净。常压灭菌灶锅体积小、水少、蒸汽不足、火力不足、一次灭菌过多等都是常压灭菌不彻底的主要原因，并且对于灭菌难度较大的粪草种和谷粒种达不到完全灭菌效果。

5）灭菌容量：以蒸汽锅炉送入蒸汽的高压灭菌锅，要注意锅炉汽化量与锅体容积相匹配，自带蒸汽发生器高压灭菌锅，以每次容量200～500 瓶（750 毫升）为宜。常压灭菌灶以每次容量不超过 1000 瓶（750 毫升）为宜，这样，可使培养基升温快而均匀，培养基中自然微生物繁殖时间短，灭菌效果更好。灭菌时间应随容量的增大而延长。

6）堆放方式：锅内灭菌物品的堆放形式对灭菌效果影响显著。以塑料袋为容器时，塑料袋受热后变软，若装料不紧，叠压堆放，极易把升温前留有的间隙充满，不利于蒸汽的流通和升温，影响灭菌效果。塑料袋摆放时，应以叠放 3～4 层为宜，不可无限叠压，锅大时要使用搁板或铁筐。

（2）封盖不严 主要出现在用罐头瓶作为容器的菌种中，用塑料袋作为容器的折角处也有发生。聚丙烯塑料经高温灭菌后比较脆，搬运过程中遇到摩擦，紧贴瓶口处或有折角处极易磨破，形成肉眼不易看到的沙眼，造成局部污染。

（3）接种物带杂菌 如果接种物本身就已被污染，扩大到新的培养基上必然出现成批量的污染，如 1 支污染过的母种造成扩接的 4～6 瓶原种全部污染，1 瓶污染过的原种造成扩大的 30～50 瓶栽培种的污染。这种污染的特点是杂菌从菌种块上长出，污染的杂菌种类比较一致，出现早，接种 3～5 天就可用肉眼鉴别。

【提示】 这类污染只有通过种源的质量保证才能控制，这就要求作为种源使用的母种和原种在生长过程中就要跟踪检查，及时剔除污染个体，在其下一级菌种生产的接种前再行检查，严把质量关。

（4）设备设施过于简陋引起灭菌后无菌状态的改变　本来经灭菌的种瓶、种袋已经达到了无菌状态，但由于灭菌后的冷却和接种环境达不到高度洁净无菌的状态，特别是简易菌种场和自制菌种的菇农，达不到流水线作业、专场专用，生产设备和生产环节分散，又往往忽略场地的环境卫生，忽视冷却场地的洁净度，使本已无菌的种瓶、种袋在冷却过程中被污染。

【提示】 在冷却过程中，随着温度的降低，瓶内、袋内气压降低，冷却室如果灰尘过多，杂菌孢子基数过大，杂菌孢子就很自然地落到了种瓶或种袋的表面，而且随其内外气压的动态平衡向瓶内、袋内移动，当棉塞受潮后就更容易先在棉塞上定植，接种操作时碰触沉落进入瓶内或袋内。瓶袋外附有较多的灰尘和杂菌孢子时，成为接种操作污染的污染源。因此，应进行专业生产、规模生产和规范生产。

（5）接种操作污染　接种操作造成的污染特点是分散出现在接种口处，比接种物带菌和灭菌不彻底造成的污染发生稍晚，一般接种后 7 天左右出现。要避免或减少接种操作的污染需格外注意以下几个技术环节。

1）防止棉塞被打湿：灭菌摆放时，不要让棉塞贴触锅壁。当棉塞向上摆放时，要用牛皮纸包扎。灭菌结束，要自然冷却，不可强制冷却。当冷却至一定程度后先小开锅门，让锅内的余热把棉塞上的水汽蒸发，再打开锅门。不要一次打开锅门，这样棉塞极易潮湿。

2）洁净冷却：规范化的菌种场，冷却室是高度无菌的，空气中不能有可见的尘土，灭菌后的种瓶、种袋不能直接放在有尘土的地面上冷却。最好在冷却场所地面上铺一层灭过菌的麻袋、布垫或用高锰酸钾、石灰水浸泡过的塑料薄膜。冷却室使用前可用紫外线灯和喷雾相结合进行空气消毒。

3）接种室和接种箱使用前必须严格消毒：接种室墙壁要光滑、地面要洁净、封闭要严密，接种前一天将被接种物、菌种、工具等经处理后放入其内，先用来苏儿喷雾，再进行气雾消毒；接种箱要达到密闭条件，处理干净后，将被接种物、菌种、工具等经处理后放入其内，接种前 30~50 分钟用气雾消毒、臭氧发生器消毒等方法进行消毒。

4）操作人员须在缓冲间穿戴专用衣帽：接种人员的专用衣帽要定期洗涤，不可放置在接种室之外，要保持高度清洁。接种人员进入接种室前要认真洗手，操作前用消毒剂对双手进行消毒。

5）接种过程要严格无菌操作：尽量少走动、少搬动、不说话；尽量小动作、快动作，以减少空气振动和流动，减少污染。

6）在火焰上方接种：实际上无菌室内绝对无菌的区域只有酒精灯火焰周围很小的范围内。因此，接种操作，包括开盖、取种、接种、盖盖，都应在这个绝对无菌的小区域完成，不可偏离。接种人员要密切配合。

7）拔出棉塞使缓劲：拔棉塞时，不可用力直线上拔，而应旋转式缓劲拔出，以避免造成瓶内负压，外界空气突然进入而带入杂菌。

8）湿塞换干塞：灭菌前，可将一些备用棉塞用塑料袋包好，放入灭菌锅同菌瓶（袋）一同灭菌，当接种发现菌种瓶棉塞被蒸汽打湿时，换上这些新棉塞。

9）接种前做好一切准备工作：接种一旦开始，就要批量批次完成，中途不间断，一气呵成。

10）少量多次：每次接种室消毒处理后接种量不宜过大，接种室以一次 200 瓶以内、接种箱以一次 100 瓶以内效果为佳。

11）未经灭菌的物品切勿伸入无菌的瓶（袋）内：接种操作时，接种钩、镊子等工具一旦触碰了非无菌物品，如试管外壁、种瓶外壁、操作台面等，不可再直接用来取种、接种，须重新进行火焰灼烧灭菌。掉在地上的棉塞、瓶盖切忌使用。

（6）培养环境不洁及高湿 培养环境不洁及高湿引起污染的特点是接种后污染率很低，随着培养时间的延长，污染率逐渐增高。接种 10 天以后易出现大量污染的菌落，甚至培养基表面都已长满菌丝后贴瓶壁处陆续出现污染的菌落。这种现象多发生在湿度高、灰尘多、洁净度不高的培养室。

4. 原种、栽培种制作的注意事项

（1）**培养基含水量**　食用菌菌丝体的生长发育与培养基含水量有关，只有含水量适宜，菌丝生长才旺盛健壮。通常要求培养基含水量为60%～65%，即手紧握培养料，以手指缝中有水外渗往下滴1～2滴为宜，没有水渗为过干，有水滴连续淌下为过湿，过干或过湿均对菌丝生长不利。

（2）**培养基的pH**　一般食用菌正常生长发育需要的pH有一定的范围要求，木腐菌要求偏酸性，pH为4～6；粪草菌要求中性或偏碱性，pH为7～7.2。由于灭菌常使培养基的pH下降0.2～0.4，因此，灭菌前的pH应比指定的略高些。若培养料的酸碱度不符合要求，可用1%过磷酸钙澄清液或1%石灰水上清液进行调节。

（3）**装瓶（袋）的要求**　培养料装得过松，虽然菌丝蔓延快，但多细长无力、稀疏、长势衰弱；装得过紧，培养基通气不良，菌丝发育困难。一般来说，原种的培养料要紧一些、浅一些，略占瓶深的3/4即可；栽培种的培养料要松一些、深一些，可装至瓶颈以下。

【提示】　装瓶后，插入捣木（或接种棒），直达瓶底或培养料的4/5处，形成一个圆洞。打孔具有增加瓶内氧气、利于菌丝沿着洞穴向下蔓延和便于固定菌种块等作用。

（4）**装好的培养基应及时灭菌**　培养基装完瓶（袋）后应立即灭菌，特别是在高温季节。严禁培养基放置过夜，以免由于微生物的作用而导致培养基酸败，危害菌丝生长。

（5）**严格检查所使用菌种的纯度和生活力**　检查菌种内或棉塞上有无真菌及杂菌侵入所形成的拮抗线、湿斑，有明显杂菌侵染或有怀疑的菌种、培养基开始干缩或在瓶壁上有大量黄褐色分泌物的菌种、培养基内菌丝生长稀疏的菌种、没有标签的菌种，均不能用于菌种生产。

（6）**菌种长满菌瓶后，应及时使用**　一般来说，二级种满瓶后7～8天，最适于扩转三级种，三级种满瓶（袋）7～15天最适于接种。如果不及时使用，应将其放在凉爽、干燥、清洁的室内避光保藏。但要注意，在10℃以下低温保藏时，二级种不能超过3个月，三级种不能超过2个月。在室温下要缩短保藏时间。

5. 菌种杂菌污染的综合控制

1）从有信誉的科研、专业机构引进优良、可靠的母种，做到种源

清楚、性状明确、种质优良，最好先做出菇试验，做到使用一代、试验一代、保藏一代。

2）按照菌种生产各环节的要求，合理、科学地规划和设计厂区布局，配置专业设施、设备，提高专业化、标准化、规范化生产水平。

3）严格按照菌种生产的技术规程进行选料、配料、分装、灭菌、冷却、接种、培养和质量检测。

4）严格挑选用于扩大生产的菌种，任何疑点都不可姑息，确保接种物的纯度。

5）提高从业人员的专业素质，要规范操作；生产场地要定期清洁、消毒，保持大环境的清洁状态。

6）专业菌种场要建立技术管理规章制度，确保技术的准确到位，保证生产。

第三章

平菇高效栽培

<h2 class="section">第一节 概　述</h2>

平菇属于伞菌目、口蘑科、侧耳属，是我国品种最多、温度适应范围最广、栽培面积最大的食用菌种类。

平菇营养丰富，肉质肥嫩，味道鲜美，其干菇中蛋白质含量为30.5%，粗脂肪含量为3.7%、纤维素含量为5.2%，还含有一种酸性多糖。长期食用平菇对癌细胞有明显抑制作用，并具有降血压、降胆固醇的功能。平菇还含有预防脑血管障碍的微量牛磺酸，有促进消化作用的菌糖、甘露糖和多种酶类，对预防糖尿病、肥胖症、心血管疾病有明显效果。

➤➤➤ 一、形态特征 ◄◄◄

平菇由菌丝体（营养器官）和子实体（繁殖器官）两部分组成。

1. 菌丝体

平菇菌丝体呈白色，绒毛状，多分枝，有横隔，是平菇的营养器官，分单核菌丝和双核菌丝两类。在 PDA 培养基上，双核菌丝初为匍匐生长，后气生菌丝旺盛，爬壁力强。双核菌丝生长速度快，正常温度下 7 天左右可长满试管斜面（或培养皿平板）（图 3-1）。

2. 子实体

子实体是平菇的繁殖器官，即可食用部分。其形态因品种不同而各有特色，但子实体均由菇柄、菇盖组成（图 3-2）。平菇子实体颜色有白色、灰色、棕色、红色和黑色等，其深浅则和发育程度、光照强弱（光照强时颜色深，光照弱时颜色浅）、气温高低（温度高时颜色浅，温度低时颜色深）相关。

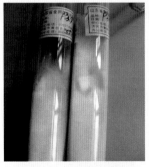

图 3-1 平菇菌丝体

图 3-2 平菇子实体

二、平菇品种

平菇根据色泽的不同，可以分为黑平菇（图 3-3）、灰平菇（图 3-4）、白平菇（图 3-5）、红平菇（图 3-6）、黄平菇（图 3-7）；根据出菇温度的不同，又可分为低温型、中温型和高温型平菇（图 3-8）。

图 3-3 黑平菇

图 3-4 灰平菇

图 3-5 白平菇

图 3-6 红平菇

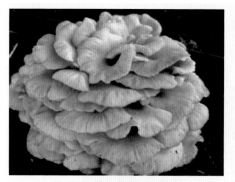
图 3-7　黄平菇（榆黄菇）

图 3-8　高温型平菇（秀珍菇）

第二节　高效栽培技术

➤➤ 一、栽培季节 ◄◄

　　平菇属广温变温型食用菌，适宜一年四季栽培。根据平菇的市场需求，一般以夏季、秋季、冬季生产为主。春季平菇一般生产较少，因为随着气温的逐步升高和其他蔬菜的大量上市，其价格较低。

➤➤ 二、栽培原料 ◄◄

　　用于平菇栽培的原料比较广泛，传统的栽培主料有棉籽壳（图 3-9）、玉米芯（图 3-10）、木屑（图 3-11）、废棉（图 3-12）等，辅料有麦麸、米糠、石灰粉等。

图 3-9　棉籽壳

图 3-10　玉米芯

图 3-11　木屑

图 3-12　废棉

【注意】

①削绒次数越多，棉籽残留的棉绒就越少，此时棉籽称为"光籽"；反之残留棉绒多的称为"毛籽"。光籽产的棉壳大都是小（少）绒壳或"铁壳"，铁壳棉仁粉少的棉壳纤维素含量少，适用于栽培木腐菌（平菇、香菇等）；绒多、棉仁粉多的棉壳纤维素含量多，适用于栽培草腐菌（双孢蘑菇、草菇等）。

②玉米芯要粉碎成花生粒大小，并采用发酵料栽培。

③木屑要选用阔叶树的木屑，松、柏、杉的木屑由于含松脂、精油、醇、醚等杀菌剂，一般不能直接用于食用菌的栽培。

④废棉的主要成分是棉短绒纤维，吸水强，料水比可提高到1:(1.5~1.6)，春、秋季气温高，料水比可低一些，冬季栽培可适当提高料水比例，灵活掌握，切勿过高，这是废棉种菇成败的关键。

为节约原料成本，可利用木糖渣（图 3-13）、酒糟（图 3-14）、中药渣（图 3-15）等原料栽培平菇，但要注意用石灰调整原料的 pH 至 9~10，栽培方式采用熟料栽培。

图 3-13　木糖渣

全彩版

图 3-14　酒糟

图 3-15　中药渣

三、栽培设施

本着"经济、方便、有效"的原则，平菇栽培可采用阳畦、塑料棚、半地下式温室、浅沟式日光温室和简易日光温室栽培。

生产中较常见的为简易半地下菇棚（图 3-16、图 3-17），造棚场地的土质必须是黏土或壤土，以黏土最好，沙壤土不适于建造半地下菇棚。菇棚四周必须挖排水沟，以防夏季积水灌入棚内。菇棚宽度不可过大，以免造成坍塌。夏季高温栽培平菇时，可在林间建设简易菇棚（图 3-18）。

图 3-16　简易半地下菇棚骨架（一）

图 3-17　简易半地下菇棚骨架（二）

图 3-18　林间菇棚

▶▶▶ 四、参考配方 ◀◀◀

1）棉籽壳 92%，豆饼 1%，麸皮 5%，过磷酸钙 1%，石膏 1%。

2）棉籽壳 90%，麸皮 5%，草木灰 3%，过磷酸钙 1%，石膏 1%。

3）棉籽壳 45%，玉米芯 45%，过磷酸钙 1%，米糠 7%，石膏 2%。

4）玉米芯 55%，豆秸粉 40%，过磷酸钙 3%，石膏 2%。

5）玉米芯 70%，棉籽壳 25%，过磷酸钙 3%，石膏 2%。

6）阔叶木屑 70%，麦麸 27%，过磷酸钙 1%，石膏 1%，蔗糖 1%。

【提示】

① 平菇栽培料的配方，各地要因地制宜，尽可能采取本地原料，以降低生产成本。

② 高温期平菇栽培的配方要减少麦麸、玉米面、米糠等的用量；石灰的用量要适当增加，以提高培养料的 pH；培养料的含水量一般要偏少些。

▶▶▶ 五、拌　料 ◀◀◀

将麸皮、石膏、石灰粉依次撒在棉籽壳堆上混拌均匀（棉籽壳需提前预湿），接着加入所需的水，使含水量达 60% 左右（图 3-19）。拌料力求"三均匀"，即主料与辅料混合均匀、水分均匀、酸碱度均匀。

简易检测含水量的方法：手掌用力握料，指缝间有水但不滴下，掌中料能成团为含水量合适。若水珠成串滴下，表明太湿。一般"宁干勿湿"，含水量太大不仅会导致发菌慢，而且易污染杂菌。

图 3-19　拌料

六、培养料处理和接种

1. 生料栽培

培养料拌均匀后直接装袋、接种，秋冬季可采用（25~30）厘米×（45~50）厘米的聚乙烯塑料菌袋，夏季高温季节采用（18~20）厘米×（40~45）厘米的聚乙烯塑料菌袋。其优点是原料不需任何处理，操作简单易行，缺点是菌种用量大（尤其是高温季节用量在15%左右）。装袋一般采用"4层菌种3层料"的方式（图3-20）。

图 3-20　袋内 4 层菌种 3 层料

2. 发酵料栽培

将拌好的培养料堆成底宽 2 米、高 1 米、长度不限的长形堆。起堆要松，要将培养料抖松后上堆，表面稍压平后，在料堆上每隔 0.5 米从上到下打直径为 5~10 厘米的透气孔（图 3-21），呈"品"字形均匀分布，以改善料堆的透气性。待温度自然上升至 60℃以上后，保持 24 小时，然后进行第 1 次翻堆，翻堆时要把表层及边缘料翻到中间，中间料翻到表面，稍压平，插入温度计；再升温到 60℃以上，保持 24 小时，然后进行第 2 次翻堆，如此进行 3~5 次翻堆，即可进行装袋接种（图 3-22）。

图 3-21　建堆发酵

图 3-22　装袋接种

生料栽培和发酵料栽培都需要有氧发菌，可以采用微气孔发菌（装袋后用细铁丝在每层菌种上打 6~8 个微孔，见图 3-23）或菌袋打孔发菌（用直径为3厘米左右的木棒在料中央打1个孔，贯穿两头，见图3-24）2种方式进行发菌。

自动翻料机

平菇、鸡腿菇生料、发酵料栽培（掰菌种）

装袋（可用于平菇、鸡腿菇）

图3-23 菌袋扎微孔

图3-24 菌袋木棒打孔

3. 熟料栽培

熟料栽培平菇一般在高温季节或者采用特殊原料（如木屑、酒糟、木糖醇渣、食品工业废渣、污染料、菌糠等）时采用，装袋后的培养料进行常压灭菌后接种、发菌。常压灭菌分为蒸汽炉和蒸汽灭菌池（图3-25，该图所示的蒸汽炉均已改为燃气锅炉，可参见本书其余章节）两部分。灭菌时为了提高灭菌效果和降低污染率，最好用塑料筐或小铁筐盛菌袋进行灭菌（图3-26），灭菌原则是"攻头、保尾、控中间"，即在3~4小时内使锅中下部温度快速上升至100℃，维持8~10小时，快结束时，大火猛攻一阵，再焖5~6小时出锅（图3-27）。把灭菌后的栽培袋搬到冷却室内或接种室内，晾干料袋表面的水分。

待料袋内温度降至30℃时方可接种，接种前先按常规消毒方法将塑料接种帐灭菌形成无菌室（图3-28），待气味散尽后进行接种（图3-29）。

图说食用菌高效栽培

图 3-25　常压灭菌的蒸汽炉和灭菌池

图 3-26　菌袋装入小铁筐进行灭菌

图 3-27　常压菌袋灭菌

图 3-28　塑料接种帐消毒灭菌

图 3-29　平菇熟料栽培接种

平菇熟料栽培接种

➤➤ 七、发菌管理 ◄◄

　　菌袋移入发菌场地前，要对发菌场地进行处理，以防止杂菌污染、害虫危害。对于室外发菌场所（图 3-30），在整平地面后，撒施石灰粉或喷洒石灰浆进行杀菌驱虫；对于室内（大棚）发菌场所（图 3-31），可采用气雾消毒剂、撒施石灰、喷施高效氯氰菊酯的方法杀菌、驱虫。

图 3-30　平菇室外发菌

图 3-31　平菇室内发菌

　　平菇发菌期适宜菌丝生长的料温在 26℃ 左右，最高不超过 32℃，最低不低于 15℃。若料温长时间高于 35℃，便会造成"烧菌"，即菌袋内的菌丝因高温而被烧坏。菌袋上下左右垛间应多放几支温度计，不仅要看房内或棚内温度，而且要看菌袋垛间温度。气温高时应倒垛，菌袋呈"井"字形排放（图 3-32），并降低菌袋层数。

平菇菌袋
翻堆、倒垛

　　结合环境调控，进行料袋翻堆和杂菌感染检查。翻堆检查时，上下内外的料袋交换位置，使培养料发菌一致，便于管理（图 3-33）。

图 3-32　高温期菌袋排放

图 3-33　菌袋翻堆检杂

八、出菇管理

1. 出菇方式

（1）立式出菇　采用把菌袋叠放 5~6 层出菇的方式（图 3-34），

以提高土地利用率。

（2）**覆土出菇**　在栽培棚内，每隔50厘米挖宽100~120厘米、深40厘米的畦沟，灌足底水，待水渗干后撒一层石灰粉，把菌袋全部脱去，卧排在畦内，菌袋间留2~3厘米的缝隙，用营养土填实（图3-35），上覆3厘米左右的菜田土，然后往畦内灌水，等水渗下后用干土抹严土缝，防止缝间或底部出菇。

图 3-34　平菇立式出菇

图 3-35　平菇覆土栽培

覆土栽培只在菇潮间期进行灌水，其余时间不喷水、不灌水，这样菇体较干净（图3-36）。

（3）**泥墙式栽培**　菌墙由菌袋和肥土（或营养土）交叠堆成，能方便地进行水分管理，扩大出菇空间。先将出菇场地整平，将菌袋底部塑料袋剥去，露出尾端的菌块，以尾端向内，平行排列在土埂上。袋与袋之间留2~3厘米空隙，每排完一层菌袋，铺盖一层肥土或营养土，厚2~4厘米（图3-37）。若层与层、袋与袋间的土太少，容易烧堆。最上一层的顶部覆土层要厚，并在菌墙中心线上留一条浅沟，用于

图 3-36　平菇覆土出菇

图 3-37　泥墙式栽培的覆土

补充水分和施用营养液，以保持菌墙覆土呈湿润状态，用来平衡培养料内的水分和营养。泥墙式栽培要注意，上下菌袋不要对齐，否则影响菇型（图3-38）。

⚠️ 【注意】 一个菌墙一天内垒2~3层，第2天泥墙沉降后再垒，以防倒墙；上下层菌袋的摆放呈"品"字形，不能对齐（图3-39），以扩大出菇面积，保持朵型。

图3-38 泥墙式栽培上下菌袋对齐的出菇状态

图3-39 泥墙式栽培上下菌袋呈"品"字形摆放

2. 不同发育时期管理

（1）**原基期** 当菌丝开始扭结时（图3-40），就要增光（三分阳七分阴）、增湿、降温至15℃左右，拉大温差，促使原基分化形成，顺利进入桑葚期。

（2）**桑葚期** 当原基菌丝团表面出现小米粒大小的半球体，色泽增深时，即进入桑葚期（图3-41）。为使大部分原基能形成菇片，应采取保湿措施，向空中喷雾，但要勤喷、少喷，不能把水直接喷向料面，

图3-40 原基期

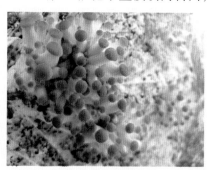

图3-41 桑葚期

主要是增加空气湿度。

（3）珊瑚期 此时为菇柄形成时期（图3-42），管理主要是通风、增光、保湿。珊瑚期以前的发育时期严禁向子实体直接喷水，尤其是冬天，否则易造成死菇；必须喷水时，要把喷头朝上，使水呈雾状自由落下。喷水后要及时通风，至菇体表面无水膜为宜。

（4）成型期 此期是平菇子实体发育最旺盛的时期（图3-43），要求温度适宜，增加湿度，空气相对湿度保持在85%～90%，湿度不能忽高忽低。

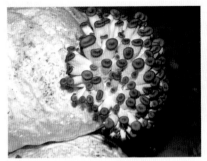
图 3-42 珊瑚期

图 3-43 成型期

（5）初熟期 一般从菇蕾出现到初熟期需5～8天，条件适宜时需2～3天，这时菇体组织紧密，重量最大，是最佳采收时期（图3-44）。此期是平菇子实体需水量最大的时期。

（6）成熟期 商品菇一般在初熟期采收，此期有大量孢子散发（图3-45），进菇房前，要先打开门窗，再喷水排气，促使孢子随水降落或排出。

图 3-44 初熟期

图 3-45 成熟期

九、采　收

当菇盖充分展开，颜色由深逐渐变浅，下凹部分白色，毛状物开始出现，孢子尚未反射时，即可采收、装筐运输（图3-46）。

图3-46　平菇装箱运输

十、常见的问题

1. 花菜型畸形菇

在菇柄的顶部长出多个较小的菌柄，并可继续分叉，无菌盖或者极小（图3-47）。此症状是由于二氧化碳浓度过高和光线太弱造成的。防治方法是子实体原基形成后，每天通风2次以上，改善光照条件。

2. 粗柄状畸形菇

平菇菌柄粗长呈水肿状，菌盖畸形，很小或没有（图3-48）。这是平菇子实体分化期遇到高温、光照偏强或二氧化碳浓度过高等因素，使物质代谢受干扰而引起菌柄疯长所致。因此要通风降温，改善光照条件。

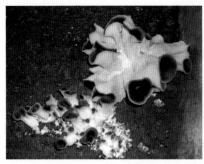

图3-47　花菜型畸形菇

图3-48　粗柄状畸形菇

3. 子实体成团

子实体紧密丛生，成堆集结，不能发育成商品菇（图 3-49）。为避免出现此现象，要在子实体原基形成期、幼菇分化期和菌盖形成期的条件过度满足菌种生长发育要求，使培养料养分供应分散，不能集结利用。加强平菇生长期的温、湿度管理，原基分化后降低昼夜温差，尤其是冬、春冷暖交替变化的季节。

图 3-49 平菇子实体成团

4. 平菇孢子过敏症

长期栽培平菇的菇农在不同程度上患有支气管炎或咽炎，发生疲劳、头痛、咳嗽、胸闷气喘和多痰等现象，严重者会出现发烧、喉部红肿甚至咯血等类似重感冒症状，反应迟钝、肢体和关节疼痛，若不及时处理会加重病情。这种由平菇孢子引发的现象在医学上称为"超敏反应"，菇农称为"蘑菇病"。现将该病的防治方法介绍如下。

（1）适时采收 当菌盖刚刚趋于平展时，颜色会稍变浅，边缘开始出现波浪状，菌柄中实，手握有弹性。孢子刚进入弹射阶段，子实体成熟度达八九成时应及时采收，有利于提高产量和促进转潮。

（2）加强通风换气 在采收前，先打开门窗通风换气 10～20 分钟，使菇房内大量孢子排出菇房。

（3）提高菇房湿度 出菇阶段要保持菇房内足够的湿度，既有利于平菇的生长，又能防止孢子四处散发。采收前用喷雾器或喷水带喷水降尘，可大大减少空气中孢子的悬浮量（图 3-50）。

图 3-50 喷水带喷水

第四章

香菇高效栽培

第一节 概 述

香菇 [lentinus edodes （Berk.） Sing] 属于担子菌纲、伞菌目、口蘑科、香菇属，是一种大型的食用菌，原产于亚洲，在世界菇类产量中居第二位，仅次于双孢蘑菇。据历史记载，中国的浙江省龙泉市、景宁县、庆元县三市县交界地带是世界上最早进行人工栽培香菇的地方，其香菇人工栽培技术史称砍花法。据说，最早发明这项技术的是南宋龙泉县龙溪乡龙岩村人（今浙江省庆元县人）吴三公（真名吴煜）。可以说，中国是世界上栽培香菇最早、产量最高、优质花菇最多、栽培形式多样、生产成本较低的国家，已有 1000 多年的历史，因此，香菇又称中国蘑菇。

▶▶ 一、生物学特性 ◀◀

1. 生态习性

冬春季生于阔叶树倒木上，群生、散生或单生。

2. 形态特征

（1）**菌丝体**（图 4-1） 菌丝洁白、舒展、均匀，生长边缘整齐，不易产生菌被。在高温条件下，培养基表面易出现分泌物，这些分泌物常由无色透明逐渐变为黄色至褐色，其色泽的深浅与品种有关。

图 4-1 香菇菌丝体

【提示】 香菇菌种在有光和低温刺激下，常在表面或贴壁处有菌丝聚集的头状物出现，这是早熟品种和易出菇的标志。

（2）**子实体**　香菇子实体单生、丛生或群生，子实体中等大至稍大（图 4-2）。菌盖直径为 5～12 厘米，有时可达 20 厘米，幼时呈半球形，后呈扁平至稍扁平，表面菱色、浅褐色、深褐色至深肉桂色，中部往往有深色鳞片，而边缘常有污白色毛状或絮状鳞片。

图 4-2　香菇子实体

3. 生长发育条件

（1）**营养条件**　香菇发育所需的营养物质可分为碳源、氮源、无机盐和生长素等物质。

1）碳源：香菇菌丝能利用广泛的碳源，包括木屑、棉籽壳、甘蔗渣、棉柴秆、玉米芯、野草（如类芦、芦苇、芒萁、斑茅、五节芒等）等。

2）氮源：香菇菌丝能利用有机氮和铵态氮，不能利用硝态氮和亚硝态氮。在香菇菌丝营养生长阶段，碳源和氮源的比例以（25～40）：1 为好，高浓度的氮会抑制香菇原基分化；在生殖生长阶段，要求有较高的碳源，最适合碳氮比是 73:1。

3）矿质元素：除了镁、硫、磷、钾之外，铁、锌、锰同时存在能促进香菇菌丝的生长，并有相辅相成的效果。但钙和硼能抑制香菇菌丝生长。

4）维生素类：香菇菌丝生长必须吸收维生素 B_1，其他维生素则不需要。适合香菇生长的维生素 B_1 含量大约是每升培养基 100 毫摩尔。在段木栽培中，香菇菌丝分泌的多种酶类能分解木质素、纤维素、淀粉等大分子，从菇木的韧皮部和木质部吸收碳源、氮源和矿质元素等。

（2）**环境条件**

1）温度：香菇菌丝发育所需温度范围为 5～32℃，最适温度是 24～27℃，在 10℃ 以下或 32℃ 以上均生长不良，35℃ 停止生长，38℃ 以上死亡。

香菇原基在 8～21℃均可分化，但在 10～12℃分化最好；子实体在 5～24℃范围内发育，从原基长到子实体的温度以 8～18℃为最适。

2）水分和相对湿度：在木屑培养基中菌丝的最适含水量是 60%～65%（因木屑结构质量不同而异）；子实体生长阶段的木屑含水量为 50%～80%。菌丝生长阶段空气相对湿度一般为 60%，而子实体生育阶段空气相对湿度为 85%～90%。

3）空气：香菇是好气性菌类，菇场、菇房、塑料棚及地下工程内（适宜发菌）栽培香菇时应保证空气顺畅流通。

4）光照：香菇在菌丝生长阶段完全不需要光线，菌丝在明亮的光线下会形成茶褐色的菌膜和瘤状凸起，随着光照的增加，菌丝生长速度下降；相反在黑暗的条件下菌丝生长最快。在生殖生长阶段，香菇菌棒需要光线的刺激，在完全黑暗条件下香菇培养基表面不转色。子实体发育的最适光照度为 300～800 勒，在 1000～1300 勒的光照度下花菇发育良好，1500 勒以上白色纹理加深，花菇生育的后期光照度可增加到 2000 勒，干燥条件下裂纹更深更白。

5）酸碱度：适于香菇菌丝生长的培养基质的 pH 是 5～6。pH 为 3.5～4.5 适于香菇原基的形成和子实体的发育。

▶▶ 二、栽培原料选择 ◀◀

1. 主料

（1）木屑类 以硬质阔叶木为主，可利用木厂产生的锯末，也可利用树木枝条经过粉碎而成（图4-3）。收集的木屑中常夹杂有松杉樟等木屑，应经过堆积发酵后再使用才能获得高产。粉碎木屑和收集的木屑均用孔径为 4 毫米的筛网过筛，其粗细程度以 0.8 毫米以下的颗粒占 20%、0.8～1.69 毫米的木屑颗粒占 60%、1.70 毫米以上的木屑颗粒占 20% 为宜（图4-4、图4-5）。

图 4-3　木屑加工

图4-4　细木屑

图4-5　粗木屑

【提示】　各地可利用当地的丰富资源进行木屑加工，如桃木屑、苹果木屑、梨木屑、沙棘木屑、金银花木屑等，进而打造当地特有的香菇品牌。

（2）秸秆类

1）棉柴秆：经晒干粉碎后备用。

2）甘蔗渣：要求新鲜，干燥后呈白色或黄白色，有糖的芳香味。凡是没有充分晒干、结块、发黑、有霉味的甘蔗渣均不能用。带皮的粗渣要粉碎后过筛。

【提示】　由于甘蔗渣中的木质素较低，因此以甘蔗渣为主料时可加入30%的木屑。

3）玉米芯：使用前将玉米芯晒干，粉碎成大米粒大小的颗粒，不必粉碎成粉状，以免影响通气造成发菌不良（图4-6）。

图4-6　粉碎的玉米芯

2. 辅料

（1）麸皮 含粗蛋白质 11.4%、粗脂肪 4.8%、粗纤维 8.8%、钙 0.15%、磷 0.62%，每千克麸皮含维生素 B_1 17.9 毫克。麸皮用量占培养基的 20% 左右，要求新鲜时（加工后不超过 3 个月）使用，不霉变的麸皮香菇产量高。

（2）米糠 含有粗蛋白质 11.8%、粗脂肪 14.5%、粗纤维 7.2%、钙 0.39%、磷 0.03%，从营养成分来看其蛋白质、脂肪含量均高于麸皮，在培养基中使用时可代替麸皮，要求新鲜不霉不含砻糠（因砻糠营养成分低），当设计配方用麸皮 20% 时，可减去 1/3 的麸皮，用 1/3 的米糠代替，对香菇后期的增产效果非常明显。

（3）石膏 即硫酸钙，在培养基中的石膏用量为 1%~2%，可调节 pH，具有不使碱性偏高的作用，还可以给香菇提供钙、硫等元素，选用石膏时要求过 100 目筛（孔径约为 150 微米）。

3. 其他材料

（1）栽培袋 目前栽培香菇以聚丙烯（PP）袋、低压聚乙烯（HDPE）袋为主要容器。

（2）栽培袋的规格和质量

1）聚丙烯袋：其常用规格为筒径平扁双层宽度为 12 厘米、15 厘米、17 厘米、25 厘米，厚度为 0.04 厘米、0.05 厘米，主要在气温 15℃以上时使用，用于原种、栽培种和小袋栽培。

2）低压聚乙烯袋：其常用规格有筒径平扁双层宽度为 15 厘米、17 厘米、25 厘米，厚度为 0.04 毫米、0.05 毫米、0.06 毫米，装袋灭菌 1.2 千克/厘米² 保持 4 小时不熔化变形。

以上两种塑料薄膜袋均要求厚薄均匀，筒径平扁，宽度大小一致，料面密度好，观察无针孔，无凹凸不平，装填培养料时不变形，耐拉强度高，在额定的温度下灭菌不变形。

第二节 高效栽培技术

▶▶ 一、栽培场所 ◀◀

香菇可在林下（图 4-7）、温室（图 4-8）、塑料大棚（图 4-9）等地栽培，也可进行半地下栽培（图4-10）。

图4-7　香菇林下栽培

图4-8　香菇温室栽培

图4-9　香菇塑料大棚栽培

图4-10　香菇半地下栽培

▶▶ 二、参考配方 ◀◀

1）阔叶树木屑79%，麸皮20%，石膏1%。

2）阔叶树木屑64%，麸皮15%，棉籽壳20%，石膏1%。

3）阔叶树木屑78%，麸皮14%，米糠7%，石膏1%。

4）阔叶树木屑60%，甘蔗渣19%，麸皮20%，石膏1%。

⚠️　**【注意】**　氮的比例高时，一般会出现转色难，推迟出菇时间，即使长出子实体，其表面颜色也浅；氮源不足时，菌丝生长不旺盛，菌丝培养时间短，总产量降低。

▶▶ 三、培养料配制 ◀◀

1. 过筛

先将原料过筛，剔除针棒和有棱角的硬物，以防刺破塑料袋。

2. 混合

手工拌料时应事先清理好拌料场，将木屑量的1/3堆成山形，再一层木屑、一层麸皮、一层石膏，共分5次上堆，并翻拌3遍，使培养料混合均匀。

3. 搅拌

将山形干料堆从顶部向四周摊开加入清水，用铁锹翻动，用扫帚将湿团拍碎，使水分被材料吸收，并湿拌3遍。

4. 拌料后再堆成山形

30分钟后检查含水量，用手握法比较方便，即用手用力握，指缝间有水迹，则含水量在60%左右。

5. pH测定

香菇培养基的pH以5.5~6为宜，测定时取广谱pH试纸条一小段插入培养料堆中，1分钟后取出对照色板，从而查出相应的pH，如果太酸可用石灰调节。

 【注意】

①拌料和装袋场地最好为水泥地，并有1°的坡度，以便洗刷水自然流掉。每天作业后，用清水冲洗，并将剩余的培养料清扫干净且不再使用，以免余料中的微生物进入新拌的培养料中，加快培养料酸败的速度，增加污染机会。

②培养料要边拌料边装袋边灭菌，自拌料到灭菌不得超过4小时，在装锅灭菌时要猛火提温，使培养料尽早进入无菌状态。

③当培养料偏干、颗粒偏细、酸性强时，水分可调得偏多一些；培养料含水量较多、颗粒粗硬、吸水性差时，水分应调得少一些。

④晴天，装袋时间长，调水偏多一些或是中间再调1次；阴天，空气相对湿度大，水分不易蒸发，调水偏少一些。

⑤甘蔗渣、玉米芯、棉籽壳等原料的颗粒松、大、易吸水，应适当增加调水量。

⑥拌料时，要先干拌，再湿拌，做到"三匀"，即主料和辅料拌均匀，水和培养料拌均匀，料的pH一致。

⑦温度偏高时，拌料装袋时间不能太长，要求组织人力争分夺秒地抢时间完成，以防培养料酸败营养减少。

⑧在培养料配制时，为避免污染，在选用好的原料基础上，选择晴天上午拌料，争取在气温较低的上午完成装袋并进入无菌工序，减少杂菌污染的机会。

四、香菇袋式栽培技术要点

1. 栽培季节

香菇袋式栽培的季节安排应根据菌种的特性和当地的气候因素进行，我国北方一般选择秋季栽培和越夏栽培。秋季栽培一般在8月即可制袋，10月下旬～第二年4月出菇；越夏栽培一般在2月制袋，5～10月出菇。

2. 栽培袋选择

秋季栽培一般采用大袋，大袋规格为17厘米×65厘米，可装干料1.75千克；越夏栽培可采用小袋，小袋规格为17厘米×33厘米，可装干料0.5千克。

图4-11 装袋

3. 装袋

用人工或拌料机把原辅材料、料水拌匀后即可装袋（图4-11）。装袋要做到上部紧、下部松，料面平整、无散料，袋面光滑、无褶。

香菇菌袋自动装袋机

香菇培养料装袋、套环

 【提示】

① 装袋时，不宜装得过松或过紧，过紧易产生破裂，过松易使培养基与薄膜之间有空隙而造成断袋感染杂菌，一般每袋装干料1.75千克为宜。

② 装袋后马上扎口。扎口时，将料袋口朝上，用线绳在紧贴培养料处扎紧，反折后再扎一次，也可用扎口机扎口（图4-12、图4-13）。

图4-12 扎口机

图4-13 扎口机扎的口

4. 灭菌

灭菌时栽培袋应放入专用筐内，以免栽培袋相互堆积，造成灭菌不彻底。栽培袋要及时灭菌，不能放置过夜，灭菌可采用高压蒸汽灭菌（图4-14）或常压蒸汽灭菌。

5. 接种与培养

（1）接种（图4-15～图4-17） 接种室要求干净、密闭性好，接种前每立方米用17毫升36%甲醛、14克高锰酸钾熏蒸10小时。熏蒸前将接种需要的菌

图4-14 高压蒸汽灭菌

种、接种工具、鞋、料袋等装入接种室内一起消毒，或用烟雾剂进行空间消毒、接种箱消毒。接种应在料袋降温到28℃后马上进行，并选择在低温时间内快速完成，动作要快，1000袋力求在3～4小时完成。接种时3人一组，一人负责搬料筒并排放到操作台上；另一人消毒扎口，即将料袋接种处擦上75%酒精，用锥形棒打孔，每筒在同一面上打孔3个（图4-18），每孔深度为2～3厘米；第三人负责接种，即将菌种掰成长锥形，快速填入孔中，菌种要填满且高出料筒（图4-19），然后，迅速套上套袋（图4-20）。接种时应注意：菌种瓶、工具和用具要用75%酒精消毒，以减少污染；菌袋要轻拿轻放，以减少破损。

全彩版

香菇菌袋液体
菌种接种

香菇菌袋
接种、套袋

【提示】 如果接种室、发菌场地洁净，保湿性能好，接种后也可不套袋。

图4-15　接种室接种

图4-16　大棚接种

图4-17　接种箱接种

图4-18　打孔

（2）**培养**　菌袋进入培养室前，要对培养室进行消毒灭菌，提前3天可采用气雾熏蒸和药剂喷洒，分3次进行。接种后菌袋摆放（图4-21）以井字形排列，每层4袋，叠放8～10层。每堆间留一工作道，摆放结束后应通风3～4小时以排湿，并调控温度为22～25℃，10天内每天通风、调控温度，不要搬动菌袋，促使菌丝定植并快速生长。当接种口菌

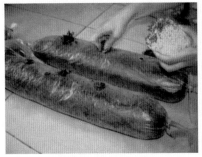

图 4-19 菌种填入孔中

图 4-20 套袋

丝长到 2 厘米左右时，便可进行第一次翻堆，以每层 3 筒、高 8 层为宜，播种口朝向侧边不要受压，各堆之间留工作道，一是为工作方便，二是可通风散热。第二次翻堆是在菌丝长至 4 厘米时，将堆高降为 6 层排 3 筒，堆堆连成行，行行有通道，更有利于通风散热。第三次翻堆是在菌丝基本上长满 1/2 筒时进行，主要是检查杂菌，若有污染要及时清除。第四次翻堆是全部长满菌丝，每层 2 筒，高 3~4 层，并给予一定的光照刺激，有利于转色。

香菇菌袋发菌室发菌

菌棒培养场所可以是车间内摆放（图 4-22）、筐式集中发菌（图 4-23）、架式集中发菌（图 4-24）。

图 4-21 香菇菌袋摆放方式

图 4-22 车间内摆放

（3）刺孔增氧 接种穴菌丝直径达 6~10 厘米时（图 4-25），要进行刺孔增氧。第一次刺孔与第二次翻堆同时进行，首先将菌筒上的胶布揭去，距菌丝尖端 2 厘米处每穴各刺 3~4 个孔（图 4-26），孔深

全彩版

图4-23 筐式集中发菌

图4-24 架式集中发菌

比菌丝稍浅一点，不要刺到未发菌的培养料上，以防感染杂菌。刺孔后，一是增加了氧气，二是激活了局部的菌丝，加快菌丝的生长速度。第二次刺孔是在菌丝长满袋后10天，每袋各扎20～40个孔，孔深以菌筒的半径为宜，刺孔后48小时，菌丝呼吸明显加强，菌筒内渐渐排出热量，堆温逐渐升高3～5℃以上，所以扎孔后培养室要通风降温，防止温度超过30℃（图4-27），同时增加光照以促进转色。

图4-25 刺孔增氧期

香菇菌袋发满
菌后刺孔转色

图4-26 刺孔增氧

图4-27 高温发菌的菌袋

⚠️ **【注意】** 菌袋温度高时，不能进行刺孔增氧，否则会烧伤菌袋。

 【提示】 香菇菌袋成品率低的原因：

1）基质酸败：如果取料不好，存在木屑、麦麸结团，霉烂、变质，质量差和营养成分低的现象，或者配料含水量过高，拌料、装袋时间过长，就会引起发酵酸败。

2）料袋破漏：常因木屑加工过程中混杂粗条而未过筛；拌料、装料场地含沙粒等，导致装袋时刺破料袋；袋头扎口不牢而漏气；灭菌卸袋检查不严，袋头纱线松脱没扎，气压膨胀破袋没贴封，引起杂菌侵染。

3）灭菌不彻底：目前农村普遍采用大型常压灭菌灶，一次灭菌3000~4000袋，数量较多，体积大，料袋排列紧密，互相挤压，缝隙不通，蒸汽无法上下循环运行，导致料袋受热不均匀和形成"死角"。有的灭菌灶结构不合理，从点火到100℃的时间超过6小时，由于适温引起袋料加快发酵，养分被破坏；有的中途停火，加冷水，突然降温；有的灭菌时间没达标就卸袋等，都造成灭菌难以彻底。

4）菌种不纯：常因菌种老化、抗逆力弱，萌发率低，吃料困难，而造成接种口容易感染；有的菌种本身带有杂菌，接种到袋内，杂菌迅速萌发为害。

5）接种把关不严：常因接种箱（室）密封性不好，加之药物掺杂（假）或失效。有的接种人员手没消毒，杂菌带进无菌室内；有的菇农不用接种器，而是用手抓菌种接种；有的接种后没有清场，又没做到开窗通换空气，造成病从"口"入。

6）菌室环境不良：培养室不卫生，有的排袋场所简陋，空气不对流，室内二氧化碳浓度高；有的培养场地潮湿或雨水漏淋；有的翻堆捡杂捡出污染袋，没严格处理，到处乱扔。

7）菌袋管理失控：菌袋排放过高，袋温增高，致使菌丝受到挫伤、变黄、变红，严重时死亡，此种情况可用水帘降温（图4-28）；有的因光线太强，袋内水分蒸发，基质含水量下降。

8）检杂处理不认真：翻袋检查工作马虎，虽发现斑点感染或怀疑被虫鼠咬破，不做处理，以至蔓延；检杂应认真（图4-29）。

图 4-28　水帘降温

图 4-29　认真检杂

6. 排场

当菌筒在培养室内发菌 40～50 天，营养生长已趋向高峰，菌丝内积累了丰富的养分，即可进入生殖生长阶段。这时每天给予 30 勒以上的光照，再培养 10～20 天，总培养时间达到 60～100 天，培养基与塑料筒交界间就开始形成间隙并逐渐形成菌膜，接着隆起有波状皱褶柔软的瘤状物，分泌由黄色到褐色的色素，这时菌丝已基本成熟，隆起的瘤状物达到 50% 就可以脱去塑料袋进行排场（图 4-30）。

脱袋后的香菇菌丝体，称为菌筒。菌筒不能平放在畦床上，而是采用竖立的斜堆法。因此，就必须在菇床上搭好排筒的架子（图 4-31）。架子的搭法是：先沿菇床的两边每隔 2.5 米处打一根木桩，桩的粗度为 5～7 厘米，长 50 厘米，打入土中 20 厘米。然后用木杆或竹竿，顺着菇床架在木桩上形成两根平行杆。在杆上每隔 20 厘米处，钉上 1 个铁钉，钉头露出木杆 2 厘米。最后靠钉头处，排放上直径 2～3 厘米、长度比菇床宽 10 厘米的木杆或竹竿作为横枕，供排放菇筒用。

图 4-30　排场

图 4-31　搭架

搭架后，再在菇床两旁每隔 1.5 米处插上横跨床面的弓形竹片或木条（图 4-32），作为拱膜架，供罩盖塑料薄膜用（图 4-33）。

图 4-32　插弓形竹片　　　　　　　图 4-33　覆膜

菌筒脱去塑料袋时，应选择阴天（不下雨）、无干热风的天气进行，用小刀将塑料袋割破，菌筒的两头各留一点薄膜作为"帽子"，以免排场时触地感染杂菌，排场时菌棒间距 5 厘米，与地面成 70°~80°的倾斜角。要求一边排场一边用塑料薄膜盖严畦床，排场后 3~5 天，不要掀起薄膜，形成床畦内高湿的小气候，促进菌丝生长并形成一层薄菌膜。

【注意】　香菇只有在菌丝达到生理成熟，经转色后才能出菇。生理成熟的菌袋具备以下特征时即可进入转色期管理：

①菌丝长满整个菌袋，培养基与菌袋交界处出现空隙。

②菌袋四周的菌丝体膨胀、皱褶，瘤状物占整个袋面的 2/3，手握菌袋有弹性松软感，而不是很硬的感觉。

③袋内可见黄水，且水滴的颜色日益加深。

④个别菌袋开始出现褐色斑点或斑块。

7. 转色管理

（1）转色的作用　香菇菌丝袋满后，有部分菌袋形成瘤状凸起，表明菌丝将要进入转色期（图 4-34）。转色的目的是在菌棒表面形成一层褐色菌皮，起到类似树皮的作用，能保护内部菌丝，防止断筒，提高对不良环境和病虫害的抵抗力。

（2）转色管理　香菇菌棒排场后，由于光线的增强、氧气的充足、温湿差的增大，经 4~7 天菌棒表面渐长出白色绒毛状菌丝并接着倒伏形成菌膜，同时开始转色。

图 4-34 转色前期

香菇菌袋转色管理

1）温度调控：完全发满菌的菌袋，即可进行转色管理。自然温度最高在 12℃ 以下时，按"井"字形排列，码高 6~8 层，每垛 4~6 排，上覆塑料膜但底边敞开，以利于通风，晚间加覆盖物保温，可按间隔 1 天掀开覆盖物 1 天的办法，加强对菌袋的刺激，迫使其表面的气生菌丝倒伏，加速转色。气温在 13~20℃ 时，如果按"井"字形排列，则可码高 6 层，每垛 3~4 排（图 4-35）。气温在 21~25℃ 时，则应采取三角形排列法，码高 4~6 层，每垛 2~4 排。气温在 26℃ 以上时，地面浇透水后，菌袋应斜立式、单层排列，上面架起 1 层覆盖物适当遮阴（图 4-36）。

图 4-35 气温低时菌袋的排列方式

图 4-36 气温高时菌袋的排列方式

⚠ 【注意】 转色期要掌握宁可低温延长转色时间，也不可高温烧菌的原则。

2）湿度调控：自然气温在 20℃ 以下时，基本不必管理，可任其自然生长；但当温度较高时，则应进行湿度调控，以防气温过高或菌袋失水过多，此时可向地面洒水或者往覆盖物上喷水。

【小窍门】　湿度管理的标准以转色后的菌袋失水比例为判定依据，即转色完成后，一般菌袋的失水比例为20%左右（也包括发菌期间的失水），或者说转色后的菌袋重量只有接种时的80%左右。

3）通风管理：通风，一是可以排除二氧化碳，使菌丝吸收新鲜氧气，增强其活力；二是不断地通风可调控垛内温度使之均匀，并防止烧菌的发生；三是适当地通风可迫使菌袋表面的白色菌丝集体倒伏，向转色方向发展；四是通风可以调控垛内水分及湿度，尤其在连续20℃以上高温时，通风更显出其必要性。

香菇菌袋发菌期倒垛、检杂

【小窍门】　通过调整覆盖物来保持垛内的通风量；当转色进入1周左右时，进行1~2次倒垛和菌袋换位排放，这时最好采取大通风措施，配合较强光照刺激，转色效果会很好。

4）光照管理：对于转色过程而言，光照的作用同样重要，没有相应的光照进入，菌袋的转色无法正常进行。而光照的管理又很简单，揭开覆盖物进行倒垛，菌袋换位；大风天气时将菌袋直接裸露任其风吹日晒等；即使日常的观察也有光照进入，所以，该项管理相对比较简单。

（3）转色的检验　完成正常转色的菌袋色泽为棕褐色，具有较强的弹性，但原料的颗粒仍较清晰，只是色泽有变化，手拍有类似空心木的响声，基质基本脱离塑料袋，割开塑料膜，菌柱表面手感粗糙、硬实、干燥，硬度明显增加，即为转色合格。但具有棕褐与白色相间或基本是白色，塑料袋与基料仍紧紧接触等表现的菌袋，为未转色或转色不成功，应根据情况给以继续转色处理，尽量不使其进入出菇阶段。

⚠ 【注意】

①菌袋发满菌丝后，室内气温低时，增加刺孔数量，使料温升高到18~23℃。

② 转色期内若有棕色水珠产生，要及时刺孔排除。

③ 加强通风，勤翻堆，促进转色均匀一致。

（4）转色不正常原因及防治措施

1）表现：转色不正常或一直不转色，菌袋表层为黄褐色或灰白色，加杂白点（图4-37）。

2）原因：脱袋过早，菌丝未达到生理成熟，没有按照脱袋的标准综合掌握；菇棚或转色场所保湿条件差，偏干，再生菌丝长不出来；脱袋后连续数天高温，没及时喷水或遇12℃以下低温。

图4-37 转色不正常

3）影响：多数出菇少，质量差，后期易染杂菌，易散团。

4）防治措施：喷水保湿，连续2~3天，每天结合通风1次；罩严薄膜，并向空中和地面洒水、喷雾，使空间湿度达85%；可将菌袋卧倒地面，利用地温、地湿，促使一面转色后，再翻另一面；若是因低温造成的，可引光增温，利用中午高温时通风，也可人工加温；若是因高温造成，在保证温度的前提下，加大通风或喷冷水降温；气温低时采用不脱袋转色。

8. 催蕾

香菇菌棒转色后，给予一定的干湿差、温差和光照的刺激，迫使菌丝从营养生长转入生殖生长。将温度调控到15~17℃时，菌丝开始相互交织扭结，形成原基并长出第一批菇蕾，即秋菇发生。

图4-38 斜枕出菇

9. 出菇管理

香菇的出菇方式有斜枕出菇（图4-38）、层架平摆出菇（图4-39）、吊袋出菇（图4-40）等方式。

图 4-39　层架平摆出菇　　　　　　　图 4-40　吊袋出菇

（1）秋菇管理　秋季空气干燥气温逐渐下降，故管理以保湿保温为主。菇畦内要求有 50 勒以上的光照，白天紧盖薄膜增温，早上 5：00 ~ 6：00 掀开薄膜换气，并喷冷水降温形成温差和干湿差，有利于提高菌棒菌丝的活力和子实体的质量，当第一批菇长至七八成熟时应及时采收（图 4-41）。

图 4-41　采收的香菇

采收后增加通风并减少湿度，养菌 5 ~ 7 天使菌棒干燥，7 天后采菇部位发白说明菌丝内又积累了一定的养分，再在干湿交替的环境中培养 3 ~ 5 天，白天提高温度、湿度，早上揭开薄膜，创造较大的干湿差和温度差，促使第二批菇蕾形成。

【提示】　有的第一批香菇会出现畸形较多的现象，主要原因是香菇菌丝的积温不够，随着时间的推移，畸形菇比例会下降。

有时第一批香菇会出现子实体过多（图 4-42）但后期产量降低的现象，主要原因是脱袋、转色、排袋时振动过大引起的；操作时动作要

全彩版

轻，另外要及时采收。

（2）**冬菇管理**　经过秋季出
菇后，菌棒养分水分消耗很大，
入冬后温度下降也很快，主要是
做好保温喷水工作。一般不要揭
膜通风，采用双膜方式使畦内温
度提高到 12 ~ 15℃（图 4-43），
并且保持空气相对湿度为 80% ~
95%，促使形成冬菇（图 4-44）。
由于冬菇生长在低温条件下，为
保温每天的换气应在中午进行，

图 4-42　香菇子实体过多

换气后严盖薄膜保湿，畦床干燥时可喷轻水。菇体成熟后要及时采收，
采收后可轻喷水 1 次再盖好薄膜休养菌丝 20 天左右，当菌丝恢复后可
再催蕾出菇。

图 4-43　双膜方式生产香菇

图 4-44　冬菇生长

（3）**春菇管理**

1）补水：经过秋冬季 2 ~ 3 批采收，菌棒含水量随着出菇数量增
加、管理期拉长、营养消耗而逐渐减少，至开春时，菌棒含水量仅为
30% ~ 35%，菌丝呈半休眠状态，故必须进行补水，才能满足原基形成
时对水分的需求。春季气温稳定在 10℃ 以上就可以进行补水。

2）出菇：春季气压较低，为满足香菇发育对氧气的需求，可将畦
靠架上的竹片弯拱提高 0.3 米，阴雨天甚至可将膜罩全部打开，以加强
通风。盖膜时，注意两旁或两头通风，不可盖严，天晴后马上打开。每
批香菇采收结束后，让菌丝恢复 7 ~ 10 天，再按照上述方法补水、催
蕾、出菇，周而复始。

（4）香菇菌棒补水

1）补水测定标准：当菌棒含水量比原来减少 1/3 时即说明失水，应补水。发菌后的菌棒一般为 1.9～2.0 千克，而当其重量只有 1.3～1.4 千克时，即菌棒含水量减少 30％ 左右，此时就可补水。

 【注意】 通过补水达到原重 95％ 即可，补水"宁少勿多"。

2）补水时期：补水早了易长畸形菇；补水过量会引起菌丝自溶或衰老，严重的会解体，导致减产。

【提示】 气温低时宜选择晴天 9：00～16：00，有条件的最好用晾晒的水。气温高时宜选择早晚补水，用新抽上来的井水。因井水温度低，注入菌棒内，形成温湿差刺激，诱发大量菇蕾形成，每一批菇都依此管理。

3）补水补营养相结合：菌棒出过 3 批菇以后，培养基内养分逐步分解消耗，出菇量相应减少，菇质也差，为此，当最后两次补水时，可在桶内加入尿素、过磷酸钙、生长素等营养物质。用量为 100 升水中加尿素 0.2％、过磷酸钙 0.3％、柠檬酸 20 毫克/千克，补充养分和调节酸碱度，这样可提前出菇 3～5 天，且出菇整齐，质量也好，可提高产量 20％～30％。

4）补水方法：香菇菌棒补水的方法有很多种，如直接浸泡法、捏棒喷水法、注射法、分流滴灌法等。近年来大规模生产多采用补水器注水，该法简单、易行、效率高，不易烂棒。

① 注水器补水法（图 4-45）：菇畦中的菌棒就地不动，用直径 2 厘米的塑料管沿着畦向安装，菇畦中间设总水管，总水管上分出小水管，小水管长度在 50 厘米左右，上面安装 12 号针头以控制水流。由总水管提供水源，另一端密封。装水容器高于菌棒 2 米左右，使水流有一定落差产生的压力，在注水时菌棒中心用

图 4-45　注水器补水

直径 6 毫米的铁棒插孔 1 个，孔深约为菌棒高度的 3/4，不能插到底以

免注水流失，由于流量受到针头的控制，滴下的水能被菌棒吸收又不会溢出。补水后盖上薄膜，控制温度在 20~22℃，每天换气 1~2 次，每次 1 小时，注水给菌棒提供了充足的水分，同时增加了干湿差和温度差。6 天后开始出现菇蕾，菇潮明显，子实体分布均匀，当温度升到 23℃以上时原基形成受到抑制，要利用早上低温时喷冷水降温，刺激菌棒形成原基再出一批菇。由于温度的升高再加上菌棒养分也所剩无几，菌丝衰弱，并且无活力，这时菌棒栽培结束。

② 浸水法：将菌棒用铁钉扎若干孔，码入水池（沟）中浸泡，至含水量达到要求后捞出。此为传统方法，浸水均匀透心，吸水快，出菇集中，但劳动强度大，菌棒易断裂或解体。

➡【小窍门】　颠倒菌棒可增产：

规模生产菌棒多采用斜立在地上的地栽式出菇方式。补水后，水分会沿菌棒自然向下渗透，再加上菌棒直接接触地面，地面湿度大，所以菌棒下半部相对水分偏高，上半部偏低。在补水后 3~5 天菇蕾刚出现时将菌棒倒过来，上面挨地、下面朝上，这样水分会慢慢向下渗透，使菌棒周身水分均匀。颠倒时若发现出菇少或不出菇的，用手轻轻拍打两下或两袋相互撞击两下，通过人为振动诱发原基形成。如果整个生产周期不颠倒，长达数月下部总是挨地、湿度大，时间长了菌棒下部会滋生杂菌和病虫害。如果颠倒 2~3 次可使菌棒周身出菇，利于养分充分释放出来。

10. 袋栽香菇烂菇的防治

袋栽香菇在子实体分化、现蕾时，常发生烂菇现象。其原因主要有：长菇期间连续降雨，特别是在高温高湿的环境下，菇房湿度过大，杂菌易侵入，造成烂菇；有的属病毒性病害，使菌丝退化，子实体腐烂；有时因管理不善，秋季喷水过多，湿度高达95%以上，加上菇床薄膜封盖通风不良，二氧化碳积累过多，使菇蕾无法正常发育而霉烂。防止烂菇的主要措施有以下几点：

（1）调节好出菇阶段所需的温度　出菇期菇床温度最好不超过 23℃，子实体大量生长时控制在 10~18℃。若温度过高，可揭膜通风，也可向菇棚空间喷水以降低温度。每批菇蕾形成期间，若天气晴暖，要在夜间打开薄膜，白天再覆盖，以扩大昼夜温差，既可以防止烂菇发生，又能刺激菇蕾产生。

（2）**控制好湿度** 出菇阶段，菇床湿度宜在90%左右，菌棒含水量在60%左右，此时不必喷水；若超过这个标准，应及时通风，降低湿度，并且经常翻动覆盖在菌棒上的薄膜，使空气通畅，抑制杂菌，避免烂菇现象发生。

（3）**经常检查出菇状况** 一旦发现烂菇，应及时清除，并局部涂抹石灰水、克霉王或0.1%的新洁尔灭等。

▶▶▶ 五、花菇大袋栽培技术要点 ◀◀◀

花菇是商品香菇中的最佳者，其特点是香菇盖面裂成菊花状白色斑纹，外形美观，菇肉肥厚，柄细而短，香味浓郁，营养丰富，商品价值高（图4-46）。由于花菇栽培技术要求相对严格，产量少，国内外市场供不应求，以日本、新加坡等国家为主。冬季气温低，空气相对湿度小，是培育

图4-46 花菇

花菇的好季节，应抓住时机，创造条件，多产花菇，以提高经济效益。

1. 花菇的成因

花菇的白色裂纹，并非是某一独特的品种，也不具性状的遗传性，而是其子实体在生长发育期间为适应不良环境而在外观上发生的异常现象。在自然界中，花菇形成的大体过程是：子实体生长发育到一定程度，突然遇到低温、干燥、刮风等不适宜其正常生长发育的恶劣环境，菌盖表层细胞因失水、低温而变缓或停止生长，但菌肉和菌褶等组织有菌盖表皮的保护，湿度高于表皮，仍能不断地得到基质输送的营养和水分，细胞仍继续增殖、发育、膨大，进而胀破子实体表面皮层，形成龟纹或菊花状花纹。

2. 花菇形成的环境条件

（1）**低湿** 湿度是决定花菇形成的主要因素。外界环境干燥（空气湿度小于70%）和培养基含水量偏少的情况下，菌肉细胞与菌盖表

层细胞的生长不能同步,表层被胀裂而露出洁白菌肉。随着时间的推移,裂痕逐渐加深,即形成花菇。

(2)低温 低温是花菇形成的重要因素。气温低（5～15℃）,香菇生长缓慢,菇肉厚,给花菇的形成奠定基础。花菇肉质肥厚、营养沉积多,主要原因就是低温。低温下,从菇蕾到长成花菇需20～30天。

(3)温差 花菇形成需要较大的温差。生长气温最高为22℃,最低为5℃,在此范围内,可人工进行调控,拉大昼夜温差,促使大量菇蕾产生。由于气温低、湿度小,加上较大的温差刺激,菌盖表层细胞逐渐干缩,而菇肉细胞继续增多,最后菇盖表面龟裂,形成花纹。温差大的条件越持久,裂纹越深,花纹越明显。

(4)光照 光照对花菇的形成有一定影响。因为花菇一般生长在光线较充足的环境,所以光线直接影响着花菇花纹颜色的深浅。光线充足,花纹雪白,质量上乘;光线不足,花纹则为乳白色、黄白色、茶褐色等。

(5)品种 一般大型品种的花菇朵形仍然较大,且菇盖的裂纹少而深;菇盖小的品种形成花菇后,朵形仍然较小,菌盖表面花纹多而浅。中低温型的菌株在温度、湿度、光照等条件具备的情况下,花菇率高;而偏高温型的菌株,在相同条件小,花菇率大大降低。

3. 花菇大袋栽培技术要点

花菇大袋栽培,即采用25厘米×55厘米的塑料袋,经常压灭菌,接入枝条菌种培养,菌袋转色后,移入不遮阴的菇棚中栽培出菇。栽培工艺与香菇栽培的相近,但花菇产量可达到60%以上,而且管理容易、质量好。

(1)栽培季节 栽培袋在7月上旬～8月上旬接种,9月上旬～9月中旬菌丝长满袋转色后,11月上旬开始出菇直至第二年的5月结束。11月第一批菇生长较好,温度在15℃左右,优质花菇量大;春节前在菇棚内适当加温,可收第二批菇;春节后在菇棚内可分别再收1次花菇、1次厚菇、1次薄菇即完成栽培周期。

(2)菌棒制作 菌袋一端用线绳扎紧,再用烛火熔封,保证不漏气。将培养料装入袋内,装袋时要手工分层装入,不能过紧或过松,以手托袋中间没有松软感,料袋两端不下垂,手抓时不出现凹陷为度。装填后用线绳扎口,先直扎1次,弯折后再扎1次并扎紧,每袋干料重2千克,要求装料在3～4小时内完成,以免培养料酸败致使pH下降。

(3)灭菌、接种、培养 同香菇的操作方法。

（4）**转色管理**　一般培养 60 天左右菌袋表面有瘤状凸起，是转色的征兆。此期黄色积水增多，若有积水应及时排出，以防积水浸泡菌皮使其增厚影响子实体的发生。栽培袋转色在培养室内进行。

【提示】　转色一致的措施：

① 调控温度在 15～23℃ 之间为宜，温度高于 25℃，或低于 15℃ 转色较慢。

② 室内通风换气要及时，并且不要把温差拉得太大，通风要勤，时间要短。

③ 转色期的时间适当延长，控制在 15 天完成转色，在适温条件下转色后再培养 20 天以上可提高优质花菇的产量。

（5）**菇棚建造和排袋**　菇棚应选择向阳、地势高燥的场所，一般每吨料建一个小棚可便于管理。棚长 6 米、宽 2.8 米、顶高 2.6 米，菇棚两端用砖砌成，上顶呈弧形，两端山墙各留一个高 1.8 米、宽 0.8 米的门。门两侧设栽培架各 1 排分 6 层，层距 33 厘米，栽培架之间，设宽 0.8 米的工作道，工作道地面的一侧设地下火道，墙外安装炉灶，为提高温度和调节湿度用（图 4-47）。

图 4-47　花菇棚

菇棚顶和栽培架周围用塑料薄膜覆盖，直抵地面并用土封严，薄膜上披草帘，以保温遮阴用。栽培架的菌床每层排列 4 条竹竿（或是木杆），每层菌床排放 2 排栽培袋，袋距 5 厘米，每层菌床排 42 个栽培袋，每棚共摆放 500 个栽培袋。

（6）**催蕾**　香菇是低温结实的菇类，菌丝体由营养生长转向生殖生长时，在低温的条件下菌丝生长减慢，使养分积贮和聚集准备出菇。当转色后，遇到低温、干湿差、光线刺激和振动，即可形成原基。原基形成后，给予光照、新鲜空气和较高的空气相对湿度（95% 左右），这批原基就可顺利分化为菇蕾。

（7）**选蕾割袋**　大袋栽培花菇时，为了保持袋内水分不散发，并有利于花菇发育，选用了割袋这一烦琐而细致的工艺。与一般培育香菇的方法不同，当菌袋上的菇蕾长到 1.5 厘米左右时，用刀片把菇蕾处 3/4 的袋面割破，让菇蕾从割口中伸长出袋外（图 4-48），当菇蕾长到 2 厘米以上时进行花菇的管理。

（8）花菇的管理

1）去劣留优：每个栽培袋内的营养是一定的，幼菇长得密时，要适当将畸形菇和小菇摘除，每袋留 10 个菇形好、距离均匀、大小分布基本一致的菇（图 4-49），这样有利于产出高质量的花菇。

图 4-48　选蕾割袋　　　　　图 4-49　去劣留优

2）管理：花菇要求空气相对湿度由高到低，光照由暗到强，通风由小到大，温度要始终保持在 8～20℃。在低温环境中，要求菇棚周围和菇棚地面干燥，阴天下雨时盖严薄膜，防止潮湿的空气侵入菇棚，这样才能使形成的花菇花纹又深又宽、颜色又白。

图 4-50　花菇采收适期

（9）采收　花菇成熟度在七八成，即菌盖像铜锣边一样稍内卷时，要及时采收（图 4-50），以免遇高温开伞、变色影响质量。采菇后栽培袋要休养 10 天左右，使菌丝恢复生长积累养分。具体方法是：栽培袋在菇架上保持不动，遮阴使光线很暗，适当提高棚温达到 25℃ 左右，增加空气相对湿度达到 85% 左右，保持空气清新，以利于养菌，防止杂菌污染。

▶▶▶ 六、香菇越夏地栽技术要点 ◀◀◀

香菇越夏地栽于 11 月下旬～第二年 3 月制袋，第二年 5～10 月出菇。

1. 场地选择

在遮阴度好的林地、室外搭建菇棚，出菇场地要求地势平坦、水源充足、日照少、气温低、排灌方便、交通便利。地势较高的应做低畦，地势低洼的应做平畦或高畦。

2. 栽培袋规格

香菇越夏地栽可选择高密度聚乙烯袋，其规格为（15～17）厘米×（40～45）厘米。

3. 制袋

按选定的配方将培养料拌均匀，含水量达 50%～55%。装袋机装料通常由 2～3 人轮换操作，一人装料，一人装袋。操作时一人将筒袋套入出料口，进料时一手托住袋底，另一只手用力抓住料口处的菌袋，慢慢地使其往后推，直至一个菌袋装满，然后将袋口用细绳扎紧。

4. 灭菌

一般常压灭菌，温度达到 100℃保持 12 小时以上，停火，再焖 6 小时后移入接菌室。

5. 接种

料温降至 30℃以下时进行消毒，一般用烟雾消毒剂消毒，保持 6 小时后开始接种，无菌操作。

6. 菌丝培养

香菇菌丝生长温度范围为 4～35℃，最适宜温度为 22～25℃；菌丝长至料袋的 1/3 时，逐渐加大通风量，每隔 2 天通 1 次风，每次 1 小时。适宜温度下，50～60 天菌袋便发好菌。

7. 建棚

对出菇场所进行除草、松土等工作后，用竹竿沿树行建宽 2.5 米、长 20 米左右的菇棚，用塑料布覆盖，在棚上方覆盖遮阳网予以遮光、降温（图 4-51）。每棚平整 2 个菇畦，每畦宽 0.8 米，中间为宽 60 厘米的走道（图 4-52）。

图 4-51　建棚

图 4-52　出菇畦

8. 转色脱袋覆土

菌丝满袋后，通风增光使其尽快转色，经 30 ~ 40 天，菌袋有 2/3 的部分有瘤状凸起、颜色变为红褐色时，即可脱袋排场覆土。脱袋最好选择在阴天或气温相对较低的天气进行，排袋前浇 1 次水，然后撒上石灰粉消毒，再喷杀虫药杀虫；边脱袋边排（图 4-53），菌袋间隔

图 4-53　脱袋排袋

3 厘米。最后覆土，覆土厚度以盖住菌袋为宜。浇 1 次重水，弓起竹弓，盖上遮阳网或塑料薄膜。

9. 出菇管理

香菇越夏地栽管理的关键是降温、通风、喷水保湿三项工作。

（1）催菇　为保护菌袋，促进多产优质菇，应在畦面干裂处填充土壤（即弥土缝，见图 4-54），否则会出劣质菇或因底部出菇而破坏畦面（图 4-55）。菌袋排袋后采用干湿交替和拉大温差的方法催蕾，或在菌筒面上浇水 2 ~ 3 次，即可产

图 4-54　弥土缝

生大量的菇蕾，浇水后立即用土壤填实畦面上的缝隙。

【提示】 由于我国南北方土壤理化性质不同，北方土壤干涸后更易开裂。

（2）前期管理 地栽香菇第一批菇一般在 5～6 月上旬，此期气温由低变高，夜间气温较低，昼夜温差大，对子实体分化有利。由于气温逐渐升高，应加强通风，把薄膜挂高，不让菌袋淋到雨水。

当第一批香菇采收结束之后，应及时清除残留的菇柄、死菇、烂菇，用土填实畦面上所有的缝隙并停止浇水，降低菇床湿度，让菌丝恢复生长，积累养分，待采菇穴处的菌丝已恢复浓白，可拉大昼夜温差、加强浇水刺激下一批子实体的迅速形成（图 4-56）。

图 4-55 菌棒底面出菇

图 4-56 转茬香菇

（3）中期管理 这段时期为 6 月下旬～8 月中旬，为全年气温最高的季节，出菇较少。中期管理以降低菇床的温度为主，促进子实体的发生。一般加大水的使用量，并增加通风量，防止高温烧菌。

（4）后期管理 这段时期为 8 月下旬～10 月底，气温有所下降，菌袋经前期、中期出菇的营养消耗，菌丝不如前期生长那么旺盛，因此这阶段的菌袋管理主要是注意防止烂筒和烂菇。

10. 采收

气温高时，香菇子实体生长很快，要及时采收，不要待菌盖边缘完全展开，以免影响商品价值。采收时，不要带起培养料，捏住菇柄轻轻扭转便可采下，保护好小菇蕾，将残留的菇柄清理干净。

第五章

双孢蘑菇高效栽培

第一节 概　述

双孢蘑菇 ［*Agaricus bisporus*（lange）Srng.］，也称蘑菇、洋蘑菇、白蘑菇，属于担子菌纲、伞菌目、伞菌科、蘑菇属。双孢蘑菇属于草腐菌，中低温型菇类，是世界第一大宗食用菌。目前，全世界已有 80 多个国家和地区栽培，其中荷兰、美国等国家已经实现了工厂化生产。

双孢蘑菇也是我国食用菌栽培中栽培面积较大、出口额最多的拳头品种。我国稻草、麦秸等农作物秸秆和畜禽粪便等资源丰富，比较适合双孢蘑菇的生长，目前在福建、河南、山东、河北、浙江、上海等省市栽培较多，在福建、山东、河南等省份也实现了双孢蘑菇的工厂化生产。

双孢蘑菇味道鲜美、营养极其丰富。其蛋白质含量不仅大大高于所有蔬菜，与牛奶及某些肉类相当，而且双孢蘑菇中的蛋白质都是植物蛋白质，容易被人体吸，具有抑制癌细胞和病毒、降低血压、治疗消化不良、增加产妇乳汁的疗效，经常食用能起预防消化道疾病的作用，并可使脂肪沉淀，有益于人体减肥，对人体保健十分有益。

▶▶ 一、生物学特性 ◀◀

1. 生态习性

双孢蘑菇一般在春、秋季于草地、路旁、田野、堆肥场、林间空地等生长，单生及群生。

2. 形态特征

（1）菌丝体　菌丝体是双孢蘑菇生长的营养体，为白色绒毛状

96

（图 5-1）。双孢蘑菇菌丝体适时覆土调水后，经培养表面陆续形成白色菌蕾，即子实体。

（2）子实体 子实体是双孢蘑菇的繁殖部分，由菌盖、菌柄、菌环 3 部分组成（图 5-2）。菌盖初期呈球形，后发育为半球形，老熟时展开呈伞形，开伞时不能采收，否则影响商品价值。优质的双孢蘑菇菌盖圆整，肉肥厚而脆嫩、结实、色白、光洁、耐运输。

图 5-1 双孢蘑菇菌丝体

图 5-2 双孢蘑菇子实体

3. 生长发育条件

（1）营养条件 双孢蘑菇是一种粪草腐生菌，配料除作物秸秆（麦秸、稻草、玉米秸等，见图 5-3）外，必须有适量的粪肥（如牛、羊、马、猪、鸡粪和人粪尿等）。

培养料堆制前碳氮比以（30～35）:1 为宜，堆制发酵后，由于发酵过程中微生物的呼吸作用消耗了一定量的碳源和发酵过程中

图 5-3 栽培双孢蘑菇所用的秸秆

多种固氮菌的生长，培养料的碳氮比降至 21:1，子实体生长发育的适宜碳氮比为（17～18）:1。

【提示】 在农作物如小麦收获时，在收割机上安装秸秆打包机或单独使用秸秆打包机（图 5-4、图 5-5），可以为双孢蘑菇生产或造纸业、工业提供充足的原材料，与各级政府的秸秆综合利用项目结合，可有效破解秸秆焚烧污染的难题。

图 5-4　方形秸秆打包机　　　图 5-5　圆形秸秆打包机

（2）环境条件

1）温度：菌丝体在 5～33℃ 均能生长，最适温度为 20～26℃；子实体生长温度范围为 7～25℃，最适温度为 13～18℃。

2）水分：培养料含水量一般为 65%～70%；覆土的含水量一般为 40%～50%，具体以"用水调至用铁锨可以撒开的程度"的标准来衡量（水分再多，就成泥了）。开放式发菌的空气相对湿度为 80%～85%，薄膜覆盖发菌的空气相对湿度在 75% 以下；子实体时期空气湿度保持在 85%～90%。

3）空气：双孢蘑菇是好气（氧）性真菌。菌丝体生长最适的二氧化碳含量为 0.1%～0.5%；子实体生长最适的二氧化碳含量为 0.03%～0.2%，超过 0.2%，菇体菌盖变小，菇柄细长，畸形菇和死菇增多，产量明显降低。

4）光照：双孢蘑菇属于厌光性菌类。菌丝体和子实体能在完全黑暗的条件下生长，此时子实体朵形圆整、色白、肉厚、品质好。

5）酸碱度：菌丝生长的 pH 范围是 5～8，最适 pH 为 7～8，进棚前培养料的 pH 应调至 7.5～8，土粒的 pH 应在 8～8.5。每采完一批菇喷水时适当加点石灰，以保持较高的 pH，抑制杂菌滋生。

6）土壤：双孢蘑菇子实体的形成不但需要适宜的温度、湿度、通风等环境条件，还需要土壤中某些化学和生物因子的刺激，因此，出菇前需要覆土。

【提示】 食用菌栽培过程中，绝大部分品种可以进行覆土栽培，如平菇、草菇、大球盖菇、香菇、木耳和灵芝等，但覆土不是必要条件，不覆土也可出菇。双孢蘑菇、鸡腿菇、羊肚菌、猪肚菌、金福菇和长根菇（商品名为黑皮鸡枞）等品种具有不覆土不出菇的特点。

>>> 二、双孢蘑菇种类 <<<

1. 按子实体色泽分类

（1）白色 白色双孢蘑菇（图5-6）的子实体圆整，色泽纯白美观，肉质脆嫩，适宜于鲜食或加工罐头。但管理不善，易出现菌柄中空现象。因该品种的子实体富含酪氨酸，在采收或运输中常因受损伤而变色。

（2）奶油色 奶油色双孢蘑菇的菌盖发达，菇体呈奶油色，出菇集中，产量高，但菌盖不圆整，菌肉薄，品质较差。

（3）棕色 棕色双孢蘑菇（图5-7）具有柄粗肉厚、菇香味浓、生长旺盛、抗性强、产量高和栽培粗放的优点。但菇体呈棕色，菌盖有棕色鳞片，菇体质地粗硬，在采收或运输中受损伤不会变色。

图5-6 双孢蘑菇白色品种　　　　图5-7 双孢蘑菇棕色品种

2. 按子实体生长最适温度分类

按子实体生长最适温度分可分为中低温型（如As2796）、中高温型（如四孢菇）及高温型（如夏秀2000）3种。

【提示】 大部分双孢蘑菇菌株属于中低温型，生长最适温度是13～18℃，产菇期多在10月至第二年4月。

第二节 高效栽培技术

>>> 一、原料选择 <<<

双孢蘑菇原始配料中的碳氮比以（30～33）∶1为宜，发酵后以

（17~20）：1 为宜。碳源主要有植物的秸秆如稻、麦、玉米、地瓜、花生等植物的茎叶；氮源主要有菜籽饼、花生饼、麸皮、米糠、玉米粉和禽畜粪便等。另外，棉籽壳、玉米芯和牛马粪等原料中碳及氮的含量也都很丰富。

⚠️ 【注意】　双孢蘑菇不能同化硝态氮，但能同化铵态氮。此外，在生产上还要用石膏、石灰等作为钙肥。

📢 【提示】　我们提倡粪肥混合搭配使用。据测定，马粪含磷较高，猪粪含钾较多，而牛粪含钙丰富。粪肥混合使用时，可使培养料营养成分更为丰富、全面，有利于高产。同理，也提倡不同秸秆的混合使用。

》》 二、培养料配方 《《

以下配方单位均按照每 100 米^2 计算：

1）干牛粪 1800 千克，稻草 1500 千克，麦秸 500 千克，菜籽饼 100 千克，尿素 20 千克，石膏 70 千克，过磷酸钙 40 千克，石灰 50 千克。

2）干牛粪 1300 千克，稻草 2000 千克，饼肥 80 千克，尿素 30 千克，碳酸氢铵 30 千克，碳酸钙 40 千克，石膏 50 千克，过磷酸钙 30 千克，石灰 100 千克。

3）麦秸 2200 千克，干牛粪 2000 千克（或干鸡粪 800 千克），石膏 100 千克，石灰 70 千克，过磷酸钙 40 千克，石灰 40 千克，硫铵 20 千克，尿素 20 千克。

4）干牛、猪粪 1500 千克，麦秸 1400 千克，稻草 800 千克，菜籽饼 150 千克，尿素 30 千克，碳酸氢铵 30 千克，石膏 80 千克，用石灰调 pH。

5）稻草或麦秸 3000 千克，菜籽饼 200 千克，石膏 25 千克，石灰 50 千克，过磷酸钙 50 千克，尿素 20 千克，硫酸铵 50 千克。

6）棉秆 2500 千克，牛粪 1500 千克，鸡粪 250 千克，饼肥 50 千克，硫酸铵 15 千克，尿素 15 千克，碳酸氢铵 10 千克，石膏 50 千克，轻质碳酸钙 50 千克，氯化钾 7.5 千克，石灰 97.5 千克，过磷酸钙 17.5 千克。

【注意】

① 若粪肥含土过多，应酌情增加数量；粪肥不足，就用适量饼肥或尿素代替；湿粪可按含水量折算后代替干粪。

② 北方秋栽每平方米菇床投料总重量应达 30 千克左右，8 月发酵可适当少些，9 月可适当多些。如果配方中鸡粪多，应适当增加麦秸量；如果牛马粪多，应酌减麦草量，以保证料床厚度为 25 ~ 30 厘米，辅料相应变动即可。

③ 棉秆作为一种栽培双孢蘑菇的新型材料，不像麦秸及稻草那样可直接利用。棉秆的加工技术与标准、栽培料的配方，以及发酵工艺都与麦秸和稻草料有很大区别。采用专用破碎设备，将棉秆破碎成 4 ~ 8 厘米的丝条状。加工的时间以 12 月为宜，因这时棉秆比较潮湿，内部含水量在 40% 左右，加工的棉秆合格率在 98% 以上，否则干燥加工时会有大量粉尘、颗粒出现，需要喷湿后再加工。

▶▶ 三、栽培季节 ◀◀

自然条件下，北方大棚（温室、菇房等）栽培双孢蘑菇大都选择在秋季进行，提倡适时早播。8 月气温高，日平均气温在 24 ~ 28℃，利于培养料的堆积发酵；8 月底 ~ 9 月上旬，大部分地区月平均气温在 22℃ 左右，正有利于播种后的发菌工作；而到 10 月，大部分地区月平均气温为 15℃ 左右，又正好进入出菇管理阶段，省时省工，管理方便，且产量高，质量好。南方地区可参考当地平均气温灵活选择栽培季节。

一般情况下，8 月上、中旬进行建堆发酵，前发酵期约 20 天，后发酵期约 7 天；从播种到覆土的发菌期约需 18 天；覆土到出菇也约需 18 天，所以秋菇管理应集中在 10 ~ 12 月。1 ~ 2 月的某段时间，北方大部分地区气温降至 -4℃ 左右，可进入越冬管理。保温条件差的菇棚可封棚停止出菇；保温性能好的应及时做好拉帘升温与放帘保温工作，注重温度、通风、光线、调水之间的协调，争取在春节前能保持正常出菇，以争取好的市场价格。第二年 2 月底便开始春菇管理，3 ~ 5 月都能采收，而 5 月也是整个生产周期的结束。

近几年来秋菇大量上市，供大于求而"菇贱伤农"的现象时有发生，在实际栽培中可根据市场行情适当提前、推迟双孢蘑菇的播种时期。例如，山东省及周边地区可延迟至 12 月中旬以前在温室播种，适当晚播的双孢蘑菇在春天传统出菇少的时间大量出菇，经济效益反而比春节前还要高。

▶▶▶ 四、高效栽培模式的选择 ◀◀◀

根据双孢蘑菇的品种特性、当地气候特点及出菇过程中不需要光线的特点，栽培模式可灵活选择，不可千篇一律，死搬硬套，造成不必要的损失。

1. 南方

南方具有气温高、湿度大等特点，双孢蘑菇生产周期较短，栽培场所一般可选择草房（图5-8）、大拱棚（图5-9）。

图5-8 双孢蘑菇草房栽培　　　　图5-9 双孢蘑菇大拱棚栽培

2. 北方

北方具有气温低、干燥等特点，栽培场所一般可选择塑料大棚（图5-10）、双屋面日光温室的阴面（图5-11）、层架式菇房（图5-12）、土质菇房等（图5-13）。

图5-10 双孢蘑菇塑料　　　　图5-11 双孢蘑菇双屋面
大棚栽培　　　　　　　　日光温室阴面栽培

图 5-12　双孢蘑菇层架式菇房栽培　　　图 5-13　双孢蘑菇土质菇房栽培

【提示】　土质菇房棚宽 10 米、长 60 米，总投资 4 万元左右，其内部结构示意图见图 5-14。

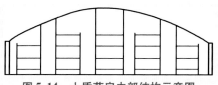

图 5-14　土质菇房内部结构示意图

3. 其他方式

当然闲置的土洞（图 5-15）、窑洞、房屋、养鸡棚、地沟棚（图 5-16）、果林（图 5-17）和养蚕棚等场所也可用于双孢蘑菇的栽培。

图 5-15　土洞栽培双孢蘑菇　　　　图 5-16　地沟棚栽培双孢蘑菇

4. 几种设施基本建造参数

(1) 双孢蘑菇夏季栽培设施

设施基本建造参数为：地面下挖1.5～1.9米、跨度8米，后墙高1.0米、厚1.0米，前墙高0.1米、厚0.6米，屋面为琴弦结构，在前墙每隔5米挖0.3米×0.3米的通风口，距离棚内地面0.4米，后墙离地面0.3米处每隔5米与前墙错开挖0.3米×0.3米的通风口，棚内设2排立柱（图5-18、图5-19）。

图5-17 果林地栽培双孢蘑菇

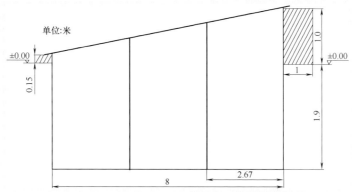

图5-18 夏季反季节栽培双孢蘑菇半地下棚示意图

(2) 双孢蘑菇秋冬栽培设施

设施基本建造参数为：前后墙高5.0米、跨度8.0米、脊高6.5米，在前后墙每隔2米按"品"字形错开挖0.24米×0.24米的通风口3排。棚内3排立柱、立体栽培床架（图5-20、图5-21）。

图5-19 夏季反季节栽培双孢蘑菇半地下棚外观

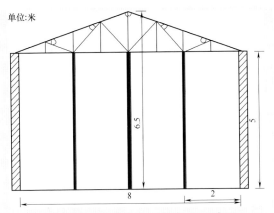

图5-20 秋冬栽培双孢蘑菇设施示意图

图5-21 秋冬栽培双孢蘑菇设施外观

【提示】 各地可根据当地的气候、土壤等条件建造适合双孢蘑菇栽培的设施，不可照搬照抄，以免引起不必要的损失。

五、培养料的堆制发酵

因为双孢蘑菇菌丝不能利用未经发酵分解的培养料，所以培养料必须经过发酵腐熟，发酵的质量直接关系到栽培的成败和产量。

【提示】 培养料的堆制发酵是双孢蘑菇栽培中最重要而又最难把握的工艺，发酵是双孢蘑菇栽培中的关键技术，准备好的原材料，选择合理的配方后，还要经过科学而严格的发酵工艺，才能制作出优质的培养基，为高产创造基础条件，这3个要素，缺一不可。同时，发酵中建堆及翻堆过程是整个双孢蘑菇栽培中劳动量最大的环节，但技术简单易行。

培养料一般采用二次发酵，也称前发酵和后发酵。前发酵在棚外进行，后发酵在消毒后的棚内进行，前发酵大约需要20天，后发酵约需要5天。全部过程需要22~28天。二次发酵的目的是进一步改善培养料的理化性质，增加可溶性养分，彻底杀灭病虫杂菌，特别是在搬运过程中进入培养料的杂菌及害虫。因此，二次发酵也是关键环节。

在后发酵（料进菇房）前，要对出菇场所进行一次彻底消毒杀虫，用水浇灌1次，通风，当地面不黏时，把生石灰粉均匀撒于地面，每平方米0.5千克并划锄，进料前3天，再用甲醛消毒（每立方米10毫升），进料前通风，保证棚内空气新鲜，以利于操作。

1. 发酵机理

（1）发酵的微生物学过程　培养料堆制发酵过程要经3个阶段，包括升温阶段、高温阶段和降温阶段。

1）升温阶段：培养料建堆初期，微生物旺盛繁殖，分解有机质，释放出热量，不断提高料堆温度，即升温阶段。在升温阶段，料堆中的微生物以中温好气性的种类为主，主要有芽孢细菌、蜡叶芽枝霉、出芽短梗霉、曲霉属、青霉属和藻状菌等参与发酵。由于中温微生物的作用，料温升高，几天之内即达50℃以上，即进入高温阶段。

2）高温阶段：堆制材料中的有机复杂物质，如纤维素、半纤维素、木质素等进行强烈分解，主要是嗜热真菌（如腐殖霉属、棘霉属和子囊菌纲的高温毛壳真菌）、嗜热放线菌（如高温放线菌、高温单孢菌）、嗜热细菌（如胶黏杆菌、枯草杆菌）等嗜热微生物的活动，使堆温维持在60~70℃的高温状态，从而杀灭病菌、害虫，软化堆料，提高持水能力。

3）降温阶段：当高温持续几天之后，料堆内严重缺氧，营养状况急剧下降，微生物生命活动强度减弱，产热量减少，温度开始下降，进入降温阶段，此时及时进行翻堆，再进行第二次发热、升温，再翻堆。经过3~5次的翻堆，培养料经微生物不断作用，其物理和营养性状更适合食用菌菌丝体的生长发育需求。

（2）料堆发酵温度的分布和气体交换　发酵过程中，受条件限制，表现出料堆发酵程度的不均匀性。依据堆内温、湿度条件的不同，可分为干燥冷却区、放线菌高温区、最适发酵区和厌氧发酵区等4个区（图5-22、图5-23）。

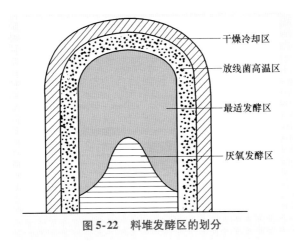

图 5-22 料堆发酵区的划分

图 5-23 料堆中温度的分布

1）干燥冷却区：该区和外界空气直接接触，散热快，温度低，既干又冷，称为干燥冷却层。该层也是料堆发酵的保护层。

2）放线菌高温区：堆内温度较高，可达 70℃，是高温层。该层的显著特征是可以看到放线菌白色的斑点，也称放线菌活动区。该层的厚薄是料堆含水量多少的指示，水过多则白斑少或不易发现；水不足，则白斑多，层厚，堆中心温度高，甚至烧堆，即出现"白化"现象，也不利于发酵。

3）最适发酵区：该区是发酵最好的区域，堆温可达 50～70℃。该区营养料适合食用菌的生长，该区发酵层范围越大越好。

4）厌氧发酵区：该区是堆料的最内区，因为缺氧且呈过湿状态，所以称厌氧发酵区。往往水分大，温度低，料发黏，甚至发臭、变黑，是料堆中最不理想的区。若长时间覆盖薄膜会使该区明显扩大。

料堆发酵是好气性发酵，一般料堆内含的总氧量在建堆后数小时内就被微生物呼吸耗尽，主要是靠料堆的"烟窗"效应来满足微生物对氧气的需要，即料堆中心热气上升，从堆顶散出，迫使新鲜空气从料堆周围进入料堆内（图5-24），从而产生堆内气流的循环现象。但这种气流循环速度应适当，若循环太快说明料堆太干、太松，易发生"白花"现象；循环太慢，氧气补充不及时而发生厌氧发酵。但当料堆内微生物繁殖到一定程度时，仅靠"烟窗"效应供氧是不够的，这时，就需要进行翻堆，有效而快速地满足这些高温菌群对氧气及营养的需求，这样就可以达到均匀发酵的目的。

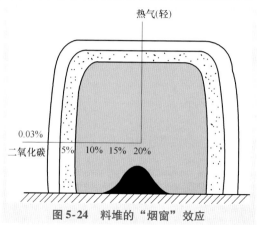

图5-24 料堆的"烟窗"效应

（3）料堆发酵营养物质发生的变化 培养料的堆制发酵是非常复杂的化学转化和物理变化过程。其中，微生物活动起着重要作用，在培养料中，养分分解与养分积累同时进行着，有益微生物和有害微生物的代谢活动要消耗原料，但更重要的是有益微生物的活动把复杂物质分解为食用菌更易吸收的简单物质，同时菌体又合成了只有食用菌菌丝体才易分解的多糖和菌体蛋白质。培养料通过发酵后，过多的游离氨、硫化氢等有毒物质得到消除，料变得具有特殊料香味，其透气性、吸水性和保温性等理化性状均得到一定改善。此外，堆制发酵过程中产生的高温，杀死了有害生物，减轻了病虫害对双孢蘑菇生长的威胁和危害。可见，培养料堆制发酵是双孢蘑菇栽培中重要的技术环节，它直接关系到双孢蘑菇生产的丰歉成败。

【提示】

① 在发酵中，首先要对发酵原料进行选择，碳氮源要有科学的配比，要特别注意考虑碳氮比的平衡。其次要控制发酵条件，促进有益微生物的大量繁殖，抑制有害微生物的活动，达到增加有效养分、减少消耗的目的。培养料发酵既不能"夹生"（以防病虫为害），也不能堆制过熟（养分过度消耗和培养料腐熟成粉状，失去弹性，物理性状恶化）。

② 双孢蘑菇、姬松茸、草菇、平菇、鸡腿菇、大球盖菇等，都可进行发酵栽培。

2. 发酵方法

双孢蘑菇培养料堆制发酵过程中温度与水分的控制、翻堆的方法与时机的把握决定着发酵的质量。

（1）培养料预湿（图5-25） 有条件时可浸泡培养料1~2天，捞出后控去多余水分直接按要求建堆。浸泡水中要放入适量石灰粉，每立方水放石灰粉15千克。也可利用洒水设施进行预湿。

在浸稻草（麦秸）时，可先挖一个坑，大小根据稻草（麦秸）量决定，坑内铺上一层塑料薄膜，抽入水，放入石灰粉。边捞边建堆，建好堆后，每天在堆的顶部浇水，以堆底有水溢出为标准，3~4天稻草（麦秸）基本吸足水分。

图5-25　培养料预湿

【提示】 棉柴因组织致密、吸水慢和吃水量小等原因，水分过小极易发生"烧堆"，所以棉柴、粪肥要提前2~3天预湿。预湿的方法是开挖一沟槽，内衬塑料薄膜，然后往沟里放水，添加水量1%的石灰。把棉柴放入沟内水中，并不断拍打，使之浸泡在水中1~2小时，待吸足水后捞出。检查棉柴吃透水的方法是抽出几根长棉柴用手掰断，以无白芯为宜。

（2）建堆 料堆要求宽 2 米、高 1.5 米，长度可根据栽培料的多少决定，建堆时每隔 1 米竖 1 根直径为 10 厘米左右、长 1.5 米以上的木棒，建好堆后拔出，自然形成一个透气孔，以增加料内氧气，有利于微生物的繁殖和发酵均匀（图 5-26、图 5-27）。

图 5-26 稻草堆制发酵　　图 5-27 麦秸堆制发酵

堆料时先铺 1 层麦秸或稻草（大约 25 厘米厚），再铺 1 层粪，边铺边踏实，粪要撒均匀，照此法 1 层草 1 层粪的堆叠上去，堆高至 1.5 米，顶部再用粪肥覆盖。配方中含有尿素时，将尿素的 1/2 均匀撒在堆中部。

⚠️ **【注意】**

① 为防止辅料一次加入后造成流失或相互反应失效，提倡分次添加。石膏与过磷酸钙能改善培养料的结构，加速有机质的分解，故应在第一次建堆时加入，石灰粉在每次翻堆时根据料的酸碱度适量加入。

② 粪肥在建堆前晒干、打碎、过筛。若用的是鲜粪，来不及晒干，可用水搅匀，建堆时分层泼入，不能有粪块。

③ 堆制时每层要浇水，要做到底层少浇、上部多浇，以次日料堆周围有水溢出为宜。建堆时要注意料堆的四周边缘尽量陡直，料堆的底部和顶部的宽度相差不大，堆内的温度才能保持得较好。料堆不能堆成三角形或近于三角形的梯形，因为这样不利于保温。在建堆过程中，必须把料堆边缘的麦秸、稻草收拾干净整齐。不要让这些草秆参差不齐地露在料堆外面。这些暴露在外面的麦秸、稻草很快就会风干，不能进行发酵。

④ 第一次翻堆时将剩余的石膏、过磷酸钙、尿素均匀撒入料堆中。

⑤ 建堆可以采用建堆机、翻堆机（图 5-28）。

图 5-28　建堆机建堆、翻堆

（3）翻堆（前发酵）　翻堆的目的是使培养料发酵均匀，改善堆内空气条件，调节水分，散发废气，促进微生物的继续生长和繁殖，便于培养料良好地分解、转化，使培养料腐熟程度一致。

在正常情况下，建堆后第二天料堆开始升温，大约第三天料温升至70℃以上，大约3天后料温开始下降，这时进行第一次翻堆（图5-29），将剩余的石灰粉、石膏、磷肥、尿素等，边翻堆边撒入，要撒匀。重新建好堆后，待料温升到70℃以上时，保持3天，进行第二次翻堆，每次翻堆方法相同。一般翻堆3次即可。

图 5-29　翻堆

【提示】　翻堆时不要流于形式，否则达不到翻堆的目的，应把料堆的最里层和最外层翻到中间，把中间的料翻到里边和外层。翻堆时发现整团的稻草、麦秸或粪团要打碎抖松，使整个料堆中的粪和草掺匀，绝不能原封不动地堆积起来，否则达不到翻堆的目的。

【注意】

①从第二次翻堆开始，在水分的掌握上只能调节，干的地方浇水，湿的地方不浇水，防止水分过多或过少。每次建好堆若遇晴天，要用草帘或玉米秸遮阴，雨天要盖塑料薄膜，以防雨淋，晴天后再掀掉塑料薄膜，否则影响料的自然通气。

②在实际操作中，以上天数只能作为参考。如果只按天数，料温达不到70℃以上，同样也达不到发酵的目的。每次翻堆后长时间不升温，要检查原因，是水分过大还是过小，透气孔是否堵塞。如果水分过大，建堆时面积可大一些，让其挥发多余水分；如果水分过小，建堆时要适当补水。若发现料堆周围有鬼伞，要在翻堆时把这些料抖松弄碎掺入料中，经过高温发酵杀死杂菌。

③每次翻堆要检查料的酸碱度。若偏酸，可结合浇水掺入适量石灰粉，pH保持在8左右。发酵好的料呈浅咖啡色，无臭味和氨味，质地松软，有弹性。

④培养料进棚前的最后一次翻堆时不要再浇水，否则影响发酵温度及效果。

(4) 后发酵（二次发酵）　后发酵是双孢蘑菇栽培中防治病虫害的最后一道屏障，目的是最大限度地降低病菌和虫口基数，也能起到事半功倍的效果，否则，后患无穷。同时，要完成培养料的进一步转化，应适当保持高温，使放线菌和腐殖霉菌等嗜热性微生物利用前发酵留下的氮、酰胺和三废为氮源进行大量繁殖，最终转化成可被蘑菇利用的菌体蛋白，完成无机氮向有机氮的转化。此外，微生物增殖、代谢过程产生的代谢产物、激素、生物素均能很好地被双孢蘑菇菌丝体所利用，同时创造的高温环境可使培养料内和菇棚内的病虫害得以彻底消灭。

后发酵可经过人为空间加温（层架栽培），使料加快升温速度。如用塑料大棚栽培，通过光照自然升温就可以了（图5-30）。后发酵可分以下3个阶段。

1）升温阶段：在前发酵第三次翻堆完毕的第2～4天内，趁热入棚，建成与菇棚同向的长堆，堆高、宽分别1.3米、1.6米左右。选一个光照充足的日子，把菇棚草帘全部拉开，使料温快速达到60～63℃、气温55℃左右，保持6～10小时，这一过程又称为巴氏灭菌。10月

图5-30　双孢菇后发酵

后，若温度达不到指标，则需用炉子或蒸汽等手段强制升温。

2）保温阶段：控制料温在 50~52℃，维持 4~5 天。此时，每天揭开棚角小通风 1~2 小时，补充新鲜空气，促进有益微生物繁殖。

3）降温阶段：当料温降至 40℃左右时，打开门窗通风降温，排出有害气体后发酵结束。

（5）优质发酵料的标准

1）质地疏松、柔软、有弹性，手握成团，一抖即散，腐熟均匀。

2）草形完整，一拉即断，为棕褐色（咖啡色）至暗褐色，表面有一层白色放线菌，料内可见灰白色嗜热性纤维素分解霉、浅灰色绵状腐殖霉等微生物菌落。

3）无病虫杂菌，无粪块、粪臭、酸味、氨味，原材料混合均匀，具蘑菇培养料所特有的香味，手握料时不粘手，取小部分培养料在清水中揉搓后，浸提液应为透明状。

4）培养料 pH 为 7.2~8，含水量为 63%~65%，以手紧握指缝间有水印、欲滴下的状况为佳。

5）培养料上床后温度不回升。

》》》 六、播种、发菌与覆土 《《《

1. 菇房消毒

不管新菇房还是老菇房，在培养料进房前还是进房后都要进行消毒杀菌处理。用 0.5% 的敌敌畏溶液喷床架和墙壁，栽培面积为 111 米^2 的菇房用量在 2.5 千克，然后紧闭门窗 24 小时。

2. 铺料

后发酵结束后，把料堆按畦床大体摊平，把料抖松，将粪块和杂物拣出，通风降温，排出废气，使料温降至 28℃左右。铺料时提倡小畦铺厚料，以改善畦床通气状况，增加出菇面积，提高单产，一般床面宽 1~1.2 米，料厚 30~40 厘米。为防止铺料不均匀或过薄（图 5-31），可用宽 1.2 米、高 40 厘米的挡板进行铺料（图 5-32）。

3. 播种

按每平方米 2 瓶（500 毫升/瓶）的播种量（一般为麦粒菌种），把总量的 3/4 先与培养料混匀（底部 8 厘米尽量不播种），用木板将料面整平，轻轻拍压，使料松紧适宜，用手压时有弹力感，料面呈弧形或梯形，以利于覆土；后把剩余的 1/4 菌种均匀撒到料床上，用手或耙子耙一下，使菌种稍漏进表层，或在菌种上盖一层薄麦秸，以利于定植吃料，不致使菌种受到过干或过湿的伤害。

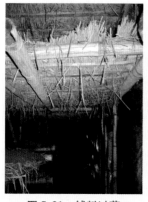

图 5-31　铺料过薄

图 5-32　用挡板铺料

4. 覆盖

播种结束，应在料床上面覆一层用稀甲醛消过毒的薄膜，以保温保湿，且使料面与外界隔绝，阻止杂菌和虫害的入侵（图 5-33）。经 2 ~ 3 天，薄膜的近料面会布满冷凝水，此时应在外面喷稀甲醛后翻过来，使菌种继续在消毒的保护之中，而冷凝水被蒸发掉，如此循环。我国传统的覆盖方法是用报纸调湿覆盖（图 5-34），这种方法需经常喷水，很容易造成表层干燥。

图 5-33　薄膜覆盖保湿

图 5-34　报纸覆盖保湿

5. 发菌

此时应采取一切措施创造菌丝生长的适宜条件，促进菌丝快速、健壮生长，尽快占领整个料床，封住料面，缩短发菌期，尽量减少病虫害的侵染，这是发菌期管理的原则。播种后 2～3 天，菇房以保温保湿为主，促进菌种萌发定植。3 天左右菌丝开始萌发，这时应加强通风，使料面菌丝向料内生长。

➡【小窍门】　发菌期间要避免表层菌种因过干或过湿而死亡。菇棚干燥时，可向空中、墙壁、走道洒水，以增加空气湿度，减少料内水分挥发。

6. 覆土

(1) 理想的覆土材料　应具有喷水不板结，湿时不发黏，干时不结块，表面不形成硬皮和龟裂、蓄水力强等特点，以有机质含量高的偏黏性壤土，林下草炭土最好。生产中一般多用稻田土、池塘土、麦田土、豆地土、河泥土等，一般不用菜园土，因含氮量高，易造成菌丝徒长，结菇量少，而且易藏有大量病菌和虫卵。

📢　【提示】　覆土时可取表面 15 厘米以下的土，并经过烈日曝晒，杀灭虫卵和病菌，而且可使土中一些还原性物质转化为对菌丝有利的氧化性物质，覆土最好呈颗粒状，细粒直径 0.5～0.8 厘米，粗粒直径 1.5～2.0 厘米，掺入 1% 的石灰粉，喷水调湿，土的湿度以用手捏不碎、不黏为宜。

(2) 覆土　菌丝基本长满料层厚度的 2/3，这时应及时覆土（图 5-35），常规的覆土方法分为覆粗土和细土两次进行。粗土对理化性状的要求是手能捏扁但不碎，不黏手，没有白心为合适。有白心、易碎为过干；黏手的为过湿。覆盖在床面的粗土不宜太厚，以不使菌丝裸露为度，然后

图 5-35　覆土

用木板轻轻拍平。覆粗土后要及时调整水分，喷水时要做到勤、轻、少，每天喷 4～6 次，2～3 天把粗土含水量调到适宜湿度，但水不能渗到料里。覆粗土后的 5～6 天，当土粒间开始有菌丝上窜，即可覆细土。细土不用调湿，直接把半干的细土覆盖在粗土上，然后再调水分。细土

含水量要比粗土稍干，有利于菌丝在土层间横向发展，提高产量。

【提示】 从图5-36中可以看出，双孢蘑菇原基在覆土层内产生，所以覆土层不能太薄，否则土层持水量太少，易出现死菇、长脚菇、薄皮开伞菇等生理病害；过厚容易出现畸形菇和地雷菇等生理病害。覆土层厚度一般为3厘米，草炭土可为4厘米。

7. 覆土后管理

覆土以后管理的重点是水分管理，又称为"调水"。调水采取促、控结合的方法，目的是使菇房内的生态环境能满足菌丝生长和子实体形成。

（1）粗土调水 粗土调水是一项综合管理技术。管理上既要促使双孢蘑菇菌丝从料面向粗土生长，同时又要控制菌丝生长过

图5-36 双孢蘑菇生长示意图

快，防止土面菌丝生长过旺，包围粗土造成板结。因此，粗土调水应掌握"先干后湿"这一原则，粗土调水工艺为粗土调水（2～3天）→通风壮菌（1天）→保湿吊菌（2～3天）→换气促菌（1～2天）→覆细土。

（2）细土调水 细土调水的原则与粗土调水的原则是完全相反的。细土调水的原则是"先湿后干，控促结合"。其目的是使粗土中的菌丝生长粗壮，增加菌丝营养积蓄，提高出菇潜力。其调水工艺是第一次覆细土后即进行调水，1～2天内使细土含水量达18%～20%，其含水量应略低于粗土含水量。喷水时通大风，停水时通小风，然后关闭门窗2～3天。当菌丝普遍串上第一层细土时，再覆第二次干细土或半干湿细土，不喷水，小通风，使土层呈上部干、中部湿的状态，迫使菌丝在偏湿处横向生长。

8. 扒平

覆土后第八天左右，因大量调水导致覆土层板结，要采取"扒平"工艺，即用几根粗铁丝拧在一起，一端分开，弯成小耙状，松动畦床的覆土层，改善其通气和水分状况，且使覆土层混匀，使断裂的菌丝体遍布整个覆土层。

>>> 七、出菇管理 <<<

覆土后 15～18 天，经适当地调水，原基开始形成，这些小菌蕾经过管理开始长大、成熟（图 5-37），这个阶段的管理就是出菇管理，按照双孢蘑菇出菇的季节又可分为秋菇管理、冬菇管理和春菇管理。

1. 秋菇管理

双孢蘑菇从播种、覆土到采收，大约需要 40 天的时间。秋菇生长过程中，气候适宜，产量集中，一般占总产量的 70%，其管理要点是在保证出菇适宜温度的前提下，加强通风，调水工作是决定产量的关键所在，既要多出菇、出好菇，又要保护好菌丝，为春菇生产打下基础。

图 5-37　双孢蘑菇出菇

（1）**水分管理**　当床面的菌丝洁白旺盛，布满床面时要喷重水，让菌丝倒伏，这时喷水也称"出菇水"，可以刺激子实体的形成。此后停水 2～3 天，加大通风量，当菌丝扭结成小白点时，开始喷水，增大湿度，随着菇量的增加和菇体的发育而加大喷水量，喷水的同时要加强通风。

当双孢蘑菇长到黄豆大小时，须喷 1～2 次较重的"出菇水"，每天 1 次，以促进幼菇生长（图 5-38）。之后，停水 2 天，再随菇的长大逐渐增加喷水量，一直保持即将进入菇潮高峰（图 5-39），再随着菇的采收而逐渐减少喷水量。

图 5-38　双孢蘑菇幼菇期

图 5-39　双孢蘑菇菇潮高峰期

【提示】 水分管理技术是一项细致、灵活的工作，为整个秋菇管理中最重要的环节，有"1千克水、1千克菇"的说法。调水要注重"九看"和"八忌"。

1) 调水的"九看"：

① 看菌株：贴生型菌株耐湿性强，出菇密，需水量大，同等条件下，调水量比气生型菌株多。

② 看气候：气温适宜时应当多调水；偏高或偏低时，要少调水、不调水或择时调水。若棚温达22℃以上，应在夜间或早晚凉爽时调水；棚温在10℃以下，宜在中午或午后气温较高时调水；晴天要多喷水，阴天少喷。

③ 看菇房：菇房或菇棚透风严重，保湿性差，要多调水，少通风。

④ 看覆土：覆土材料偏干、黏性小、沙性重、持水性差，调水次数和调水量要多些。

⑤ 看土层厚度：覆土层较厚，可用间歇重调的方法；土层较薄，应分次轻调。

⑥ 看菌丝强弱：若覆土层和培养料中的菌丝生长旺盛，可多调水。其中结菇水、出菇水或转潮水要重调；反之，菌丝生长细弱无力，要少调、轻调或调维持水。

⑦ 看蘑菇的生长情况：菇多、菇大的地方要多调水，菇少、菇小的地方要少调。

⑧ 看菇床位置：靠近门、窗处的菇床，通风强、水分散失快，应多调水；四角及靠墙的菌床，少调水。

⑨ 看不同的生长期：结菇水要狠，出菇水要稳，养菌期要轻，转潮水要重。

2) 调水的"八忌"：

① 忌调关门水：调水时和调水后，不可马上关闭门窗，避免菌床菌丝缺氧窒息衰退；防止菇体表面水滞留时间过长，产生斑点或死亡。

② 忌高温时调水：发菌期棚温在25℃以上，出菇期在20℃以上时，不宜过多调水。高温高湿，易造成菌丝萎缩、菇蕾死亡、死菇增多、诱发病害等。

③ 忌采菇前调水：要进行2小时以上的通风后，方能进行采菇。否则，易使菇体变红或产生色斑。

④ 忌寒流来时调重水：避免菌床降温过快、温差过大，导致死菇

或硬开伞。气温下降后，菇的生长速度与需水量随之下降，水分蒸发也减少，多余水分易产生"漏料"和退菌。

　　⑤忌阴雨天调重水：避免菇房因高湿状态而导致病害发生或菇体发育不良。

　　⑥忌施过浓的肥水、药水和石灰水：防止产生肥害、药害，避免渗透作用使菌丝细胞出现生理脱水而萎缩，造成菇体死亡或发红变色。

　　⑦忌菌丝衰弱时调重水：防止损害菌丝，菌床产生退菌。

　　⑧忌不按季节与气温变化调水：秋菇要随气温的下降和菇的生长量灵活调水；冬菇要控水；春菇要随气温的升高而逐渐加大调水量。

　　(2) 温度管理　秋菇管理前期气温高，当菇房内温度在18℃以上时，要采取措施降低棚内温度，如夜间通风降温、向棚四周喷水降温、向棚内排水沟灌水降温等。秋菇管理后期气温偏低，当棚内温度在12℃以下时，要采取措施提高棚内温度，一般提高棚内温度的方法有采取中午通风提高温度、夜间加厚草苫保持棚内温度，或用黑膜、白膜双层膜提高棚内温度等措施。

　　(3) 通风管理　双孢蘑菇是一种好气性真菌，因此菇房内要经常进行通风换气，不断排出有害气体，增加新鲜氧气，有利于双孢蘑菇的生长。菇房内的二氧化碳含量为 $0.03\% \sim 0.1\%$ 时，可诱发原基形成，当二氧化碳含量达到 0.5% 时，就会抑制子实体分化，超过 1% 时，菌盖变小，菌柄细长，就会出现开伞和硬开伞现象。

　　【提示】　秋菇管理前期气温偏高，此时菇房内如果通风不好，将会导致子实体生长不良，甚至出现幼菇萎缩死亡的现象。此时菇房通风的原则应考虑以下两个方面：一是通风不提高菇房内的温度，二是通风不降低菇房内的空气湿度。因此，菇房的通风应在夜间和雨天进行，无风的天气南北窗可全部打开；有风的天气，只开背风窗。为解决通风与保湿的矛盾，门窗要挂草帘，并在草帘上喷水，这样在进行通风的同时，也能保持菇房内的湿度，还可避免热风直接吹到菇床上，使双孢蘑菇发黄而影响产品质量。

　　秋菇管理后期气温下降，双孢蘑菇子实体减少，此时可适当减少通风次数。菇房内空气是否新鲜，主要以二氧化碳的含量为指标，也可从双孢蘑菇的子实体生长情况和形态变化确定出氧气是否充足，如通风差的菇房，会出现柄长盖小的畸形菇，说明菇房内二氧化碳超标，需及时进行通风管理。

（4）采收 出菇阶段，每天都要采菇，根据市场需要的大小采，但不能开伞。采菇时要轻轻扭转尽量不要带出培养料。随采随切除菇柄基部的泥根（图5-40），要轻拿轻放，否则碰伤处极易变色（图5-41），影响商品价值。

图5-40　双孢蘑菇随　　　　　图5-41　双孢蘑菇采后一块
　　　采随切根　　　　　　　　　　切根（易变色）

（5）采后管理 每次采菇后，应及时将遗留在床面上的干瘪、变黄的老根和死菇剔除，否则会发霉、腐烂，易引起绿色木霉和其他杂菌的侵染和害虫的滋生。采过菇的坑洼处再用土填平，保持料面平整、洁净，以免喷水时，水渗透到培养料内影响菌丝生长。

2. 冬菇管理

双孢蘑菇冬季管理的主要目的，是保持和恢复培养料内和土层内菌丝的生长活力，并为春菇打下良好的基础。长江以北诸省，12月底~第二年2月底，气候寒冷，构造好、升温快、保温性能强或有增温设施的菇棚可使其继续出菇，以获丰厚回报，但在控温、调水和通风等方面与秋菇、春菇管理有较大差异，要根据具体的气温灵活掌握，不可死搬硬套。升温、保温性能差的简易棚，棚内温度一般在5℃以下，菌丝体已处于休眠状态，子实体也失去应有的养分供给而停止生长，此时应采取越冬管理，否则会入不敷出，且影响春菇产量。

（1）水分管理 随着气温的逐渐降低，出菇量越来越少，双孢蘑菇的新陈代谢过程也随之减慢，对水分的消耗减少，土面水分的蒸发量也在减少，为保持土层内有良好的透气条件，必须减少床面用水量，改善土层内透气状况，保持土层内菌丝的生活力。

【提示】 冬季气温虽低，但北方气候干燥，床面蒸发依然很大，必须适当喷水。一般 5～7 天喷 1 次水，水温以 25～30℃ 为宜。不能重喷，以使细土不发白、捏得扁、搓得碎为佳，含水量保持在 15% 左右。要防止床土过湿，避免低温结冰，冻坏新发菌丝。

若菌丝生长弱，可喷施 1% 葡萄糖水 1～2 次，喷水应在晴天中午进行。寒潮期间和 0℃ 以下时不要喷水，室内温度最好控制在 4℃ 以上。室内空气相对湿度可保持自然状态，结合喷水管理，越冬期间还应喷 1～2 次 2% 的清石灰水。

(2) 通风管理 冬季要加强菇房保暖工作（图 5-42），同时还要有一定的换气时间，保持菇房、出菇场所空气新鲜（图 5-43、图 5-44）。菇房北面窗户和通风气洞要用草帘等封闭，仅留小孔。一般每天中午开南窗通风 2～3 小时；气温特别低时，通风暂停 2～3 天，使菇房内温度保持在 2～3℃。

图 5-42　双孢蘑菇棚口搭建拱棚保温

图 5-43　冬季双孢蘑菇棚中午通风

(3) 松土、除老根 松土可改善培养料表面和覆土层通气状况，减少有害代谢物；同时清除衰老的菌丝和死菇，有利于菌丝生长。菌丝生长较好的菌床，冬季进行松土和除老根，对促进来年春菇生产有良好作用。

图 5-44　冬季双孢蘑菇林下栽培

松土及除老根后，需及时补充水分以利于发菌。"发菌水"应选择在温度开始回升以后喷洒，以便在有适当水分和适宜的温度下，促使菌丝萌发、生长。"发菌水"要一次用够，用量要保证恰到好处，即用 2 ~ 3 天时间，每天 1 ~ 2 次喷湿覆土层而又不渗入料内，防止用量不足或过多，使菌丝不能正常生长。喷水后应适当进行通风。菌丝萌发后，一定要防止西南风袭击床面，以免引起土层水分的大量蒸发和菌丝干瘪后萎缩。

3. 春菇管理

2 月底 ~ 3 月初，日平均气温回升到 10℃ 左右，此时进入春菇管理。

（1）水分管理 春菇前期调水应勤喷轻喷，忌用重水。随着气温的升高，双孢蘑菇陆续出菇后，可逐渐增加用水量。一般气温稳定在 12℃ 左右，调节出菇水，就能正常出菇。出菇后期，菌床会变为酸性，可定期喷施石灰水进行调节。

（2）温湿度和空气的调节 春菇管理前期应以保温保湿为主，通风宜在中午进行，防止昼夜温差过大，使菇房保持在一个较为稳定的温湿环境，有利于双孢蘑菇的生长。春菇管理后期防高温、干燥，通风宜在早、晚进行。通风时严防干燥的西南风吹进菇房，以免引起土层菌丝变黄萎缩，失去结菇能力。

▶▶ 八、出菇期的病害 ◀◀

1. 出菇过密且小

菌丝纽结形成的原基多，子实体大量集中形成，菇密而小（图 5-45）。

【主要原因】 出菇重水使用过迟，菌丝生长部位过高，子实体在细土表面形成；出菇重水用量不足；菇房通风不够。

【防治措施】 出菇水一定要及时和充足；在出菇前就要加强通风。

图 5-45 双孢蘑菇出菇过密而小

2. 死菇

双孢蘑菇在出菇阶段，由于环境条件的不适，在菇床上经常发生小菇蕾萎缩、变黄直至死亡的现象，严重时床面的小菇蕾会大面积死亡（图5-46）。

【主要原因】 出菇密度大，营养供应不足；高温高湿，二氧化碳积累过量，幼菇缺氧窒死；机械损伤，在采菇时，周围小菇受到碰撞；培养基过干，覆土含水量过小；幼菇期或低温季节喷水量过多，导致菇体水肿黄化，溃烂死亡；用药不当，产生药害；秋菇时遇寒流侵袭，或春菇棚温上升过快，而料温上升缓慢，造

图 5-46 小菇蕾死亡

成温差过大，导致死菇；秋末温度过高（超过25℃），春菇气温回升过快，连续几天超过20℃，此时温度适合菌丝体生长，菌丝体逐渐恢复活性，吸收大量养分，易导致已形成的菇蕾产生养分倒流，使小菇因养分供应不足而成片死亡；严冬棚温长时间在0℃以下，造成冻害而成片死亡；病原微生物侵染和虫害，螨虫、跳虫、菇蚊等泛滥。

【防治措施】 根据当地气温变化特点，科学地安排播种季节，防止高温时出菇；春菇管理后期加强菇房降温措施，防止高温袭击；土层调水阶段，防止菌丝长出土面，压低出菇部位，以免出菇过密；防治病虫杂菌时，避免用药过量造成药害。

3. 畸形菇

常见的畸形菇有菌盖不规则、菌柄异常、草帽菇、无盖菇等（图5-47）。

【主要原因】 覆土过厚、过干，土粒偏大，对菇体产生机械压迫；通风不良，二氧化碳浓度高，出现柄长、盖小、易开伞的畸形菇；冬季室内用煤加温，一氧化碳中毒产生的瘤状凸起；药害导致畸形；调水与温度变化不协调而诱发菌柄开裂，裂片卷起；料内、覆土层含水量不足或空气湿度偏低，出现平顶、凹心或鳞片。

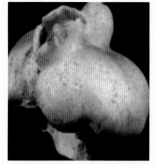

图 5-47 畸形菇

【防治措施】 为防止畸形菇发生，土粒不要太大，土质不要过硬；出菇期间要注意菇房通风；冬季加温火炉应放置在菇房外，利用火道送暖。

4. 薄皮菇

薄皮菇的症状为菌盖薄，开伞早，质量差（图5-48）。

【主要原因】 培养料过生、过薄、过干；覆土过薄，覆土后调水轻，土层含水量不足；出菇期遇到高温、低湿、调水后通风不良；出菇密度大，温度高，湿度大，子实体生长快，成熟早，营养供应不上。

【防治措施】 控制出菇数量，菇房通气，降低温度，能有效地防止薄皮早开伞现象。

5. 硬开伞

硬开伞的症状为提前开伞，甚至菇盖和菇柄脱离（图5-49）。

图5-48 薄皮菇　　　　　　　　图5-49 硬开伞

【主要原因】 气温骤变，菇房出现10℃以上温差及较大干湿差；空气湿度高而土层湿度低；培养基养分供应不足；菌种老化；出菇太密，调水不当。

【防治措施】 加强秋菇管理后期的保温措施，减少菇房温度的变幅；增加空气湿度，促进菇体均衡生长。

6. 地雷菇

双孢蘑菇的结菇部位深，甚至在覆土层以下，往往在长大时才被发现（图5-50），此种形态的称为"地雷菇"。

【主要原因】 培养基过湿、过厚或培养基内混有泥土；覆土后温度过低，菌丝未长满土层便开始扭结；调水量过大，产生"漏料"，土层与料层产生无菌丝的"夹层"，只能在夹层下结菇；通风过多，土层过干。

【防治措施】 培养料不能过湿、不能混进泥土，避免料温和土温差别太大；合理调控水分，适当降低通风量，保持一定的空气相对湿度，以避免表层覆土太干燥，促使菌丝向土面生长。

7. 红根菇

双孢蘑菇的菌盖颜色正常，但菇脚发红或微绿（图5-51）。

图5-50 地雷菇　　　　　　　　图5-51 红根菇

【主要原因】 用水过量，通风不足；肥害和药害；培养料偏酸；采收前喷水；运输中受潮、积压。

【防治措施】 出菇期间土层不能过湿，应加强菇房通风。

8. 水锈病

水锈病表现为子实体上有锈色斑点，甚至斑点连片（图5-52）。

【主要原因】 床面喷水后没有及时通风，出菇环境湿度大；温度过低，子实体上的水滴滞留时间过长而导致。

【防治措施】 喷水后，菇房应适当通风，以蒸发掉菇体表面的水分。

9. 空心菇

空心菇的症状为菇柄切削后有中空或白心现象（图5-53）。

【主要原因】 气温超过20℃时，子实体生长速度快，出菇密度大；空气相对湿度在90%以下，覆土偏干。菇盖表面水分蒸发量大，迅速生长的子实体得不到水分的补充，就会在菇柄产生白色疏松的髓部，甚至菌柄中空，形成空心菇。

【防治措施】 盛产期应加强水分管理，提高空气相对湿度，土面应及时喷水，不使土层过干；喷水时应轻而细，避免重喷。

图 5-52　水锈病

图 5-53　空心菇

10. 鳞片菇

【主要原因】　气温偏低，前期菇房湿度小，空气干，后期湿度突然拉大，菌盖便容易产生鳞片（图 5-54）；但有时，鳞片是某些品种的固有特性。

【防治措施】　提高菇房内的空气相对湿度，尽量避免干热风吹进菇房或直吹出菇床面。

图 5-54　鳞片菇

11. 群菇

许多子实体参差不齐的密集成群菇（图 5-55），即不能增加产量，又浪费养分和不便于采菇。

【主要原因】　使用老化菌种；采用穴播方式。

【防治措施】　可采用混播法；在覆土前把穴播的老种块挖出，用培养料补平。

图 5-55　群菇

12. 胡桃肉状菌

【主要原因】　胡桃肉状菌被菇农形象地称为"菜花菌"（图 5-56），存在旧菇房土壤中，病菌孢子随感病培养料、菌种等进入菇房，可随气流、人、工具等在棚内传播蔓延。子囊孢子耐高温，抗干旱，对化学药品抵抗力强，存活时间长。高温、高湿、通风不良及培养料偏酸性的菇棚发生严重。

【防治措施】　培养料需经过严格发酵，最好进行二次发酵，以消灭潜存在培养料内的病菌。培养料不宜过熟、过湿、偏酸；培养料进房前半个月，菇房、床架、墙壁和四周要用水冲洗，并喷洒 1% 的漂白粉溶液消毒。栽培 2 年以上的老菇房，床架要用1∶2∶200 波尔多液洗刷，再用

图 5-56　胡桃肉状菌

10% 石灰水粉刷墙壁。覆土应取菜园 20 厘米以下的红壤土，曝晒后，每 100 米^2 栽培面积的覆土用 2.5 千克甲醛进行消毒。

发生此菌后应立即停止喷水，使土面干燥，并挑起胡桃肉状菌的子实体，用喷灯烧掉，再换上新土。小面积发生时可用柴油或煤油浇灌，或及早将受污染的培养料和覆土挖除，然后用 2% 甲醛溶液或 1% 漂白粉液喷洒，并喷石灰水，以提高培养料的 pH。已大面积发生时，应去除培养料，将培养料深埋或烧毁；然后消毒菇房，以免污染环境，预防来年发病。

▶▶▶ 九、双孢蘑菇腌渍 ◀◀◀

双孢蘑菇在收获季节由于上市集中，数量较大，难以储存，往往低价处理，极大挫伤了菇农的种植积极性，在实际生产中可采用盐渍方法来解决上述问题（图 5-57、图 5-58）。经过脱盐处理后可用来加工罐头，在国际市场上非常畅销。

图 5-57　双孢蘑菇杀青

图 5-58　双孢蘑菇腌渍

第三节　工厂化高效栽培

在荷兰、美国等国家的双孢蘑菇生产特点是高度专业化、生产工业化，菌种、培养料、发酵和栽培等工序分别由专业的公司和菇场完成，各工序的参数控制非常严格，各菇场蘑菇的单产水平均较高。目前，国内一些蘑菇工厂引进和借鉴国外蘑菇工业化生产技术，在培养料发酵和蘑菇

图 5-59　双孢蘑菇工厂化生产车间

栽培等环节精确按参数控制，使蘑菇单产水平接近了国外的标准，并摆脱了季节性束缚，实现了周年生产（图 5-59）。

➤➤ 一、生产工序 ◀◀

从工艺技术方面看，我国现有双孢蘑菇工厂化栽培企业的工艺流程、主要生产设施、设备各有不同，根据工艺流程顺序、工序特点归纳，基本情况见表 5-1。

表 5-1　双孢蘑菇工厂化生产工序及特点

主要工序	生产方式及主要设备	主 要 特 点
混合预湿	1. 用大型混料机械混料预湿（图5-60）	投资大，效率高，对原料有要求
	2. 用铲车、泡料池混料预湿	投资少，需要有一定预湿场地
一次发酵	1. 用翻堆机在发酵棚内发酵	简单节能，占地大、质量不均
	2. 用一次发酵隧道发酵（图5-61）	发酵质量好，占地少，投资较大
二次发酵	1. 在菇房内通蒸汽消毒和后发酵	能耗高，消毒和后发酵不均，菇房利用率低，菇房损害大
	2. 在二次发酵隧道内消毒发酵（图5-62）	节能，消毒和后发酵质量好

（续）

主要工序	生产方式及主要设备	主 要 特 点
三次发酵	1. 行车传送带入料、拉网出料	需要空调设备、通风设备、加湿设备，投资大
	2. 隧道布料机布料和播种、铲车出料	需要空调设备、通风设备、加湿设备，投资较少，铲车出料浪费部分培养料
上料、卸料方式及菇床架	1. 拉布式机械化上料、卸料，需要配备高标准的菇床架	铺料均匀，效率高，不易污染，投资大，生产成本高
	2. 压块打包后人工上料、卸料，可配一般结构的菇床架	铺料均匀，效率高，不易污染，打包投资大，热缩膜成本高
	3. 传送带上料、卸料，人工铺平压实，可配一般结构的菇床架	效率较高，投资较少，生产成本较低，人工铺平压实有不匀现象
	4. 人工搬运上料、卸料，可配一般结构的菇床架	投资少，效率低，劳动强度大，人工铺平压实有不匀现象
菇房空气调节系统	1. 水冷却（加热）方式，集中制冷（热）水，每个菇房安装风机盘管	安全可靠，便于维护，夏季菇房湿度不易控制
	2. 单体式水源冷（热）空调机组，每个菇房1台，可分别制冷制热	结构简单，造价适中，每个菇房可按工艺要求，灵活转换制冷制热模式，夏季菇房除湿效果好
	3. 单体式制冷机组，每个菇房1台，只能制冷，冬季取暖需另配热源	结构简单，造价低，夏季菇房除湿效果好，冬季需要另配供热系统

图5-60　真空预湿机

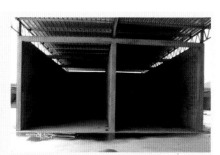

图5-61　一次发酵隧道

图说食用菌高效栽培

图 5-62　二次发酵隧道

二、工厂化生产的主要环节

1. 通风管道式发酵隧道

这种隧道的地下通风是采用塑料管加喇叭口气嘴（图 5-63～图 5-67）。其优点是结构简单便于维护，通风均匀，进出料方便；缺点是要求风机的送风压力较大，电耗较高（图 5-68～图 5-70）。

图 5-63　通风管道式隧道初建

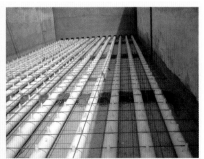

图 5-64　通风管道式隧道钢筋架

图 5-65　通风管道式隧道通过喇叭嘴

图 5-66　通风管道式隧道铺设水泥

图 5-67　通风管道式隧道表面

图 5-68　通风管道式隧道通风管

图 5-69　通风管道式隧道
通风管安装系统

图 5-70　通风管道式隧道
通风风机

2. 上料方式

对于上料方式，目前主要有拉布式机械上料、压块打包上料、传送带式上料和人工上料 4 种：

（1）拉布式机械上料　通过上料设备把播好菌种的培养料均匀铺平压实在尼龙网布上，并将其拉到菇床架的床面上。这种上料方式的优点是料面平整压实均匀，上料速度快不易污染，卸料容易；缺点是要有专用的上料设备，对菇床架的要求比较高，投资很大，适合大型栽培企业。

（2）压块打包式上料　将二次发酵好的培养料播好菌种后，通过压块打包设备加工成菌包，用机械或人工摆放到菇床架上。这种上料方式的优点是菌包运输方便，便于上料不易污染，对菇床架的要求不高；缺点是要有专用的压块打包设备，要消耗大量热缩膜，投资大，生产成本高。此方式只适用于大型培养料生

双孢蘑菇打包料

产基地与出菇房距离较远或出菇房分散且周边硬化场地空间不大的情况。

（3）**传送带式上料** 将二次发酵好的培养料播好菌种后，通过传送带把散料送到菇床架上，用人工铺平并压实（也可用压实设备）。其优点是对菇床架要求不高，投资较少，生产成本较低；缺点是人工铺平压实有不匀现象。

双孢蘑菇培养料进仓前混料

（4）**人工上料** 人工搬运上料、卸料，投资少，效率低，容易污染，劳动强度大，人工铺平压实有不匀现象。

3. 菇房空气调节控制系统

对于菇房的空气调节控制系统，工厂化栽培的出菇房一定要有能够制冷和供热的空调设备，同时还要有能够调节室内空气成分（二氧化碳含量）和湿度（夏季比较重要）的调控设备（图5-71）。在我国应用比较成功的主要有以下3种。

（1）**水冷却式中央空调系统** 采用集中制冷（热）水，通过管道送到各个菇房的风机盘管内，各个房间分别调节。这种空调系统的优点是安全可靠，便于维护，房间较多时投资相对减少；缺点是夏季菇房湿度不易控制，蘑菇的含水量偏高，不易保鲜，适用于菇房较多，不以鲜销为主的大型双孢蘑菇栽培企业。

图5-71 空气调节控制系统

（2）**单体式水源冷（热）空调机组** 每个菇房1套，可分别制冷制热。这种空调系统的优点是安全可靠，节能效率高，便于控制，夏季菇房除湿效果好，蘑菇的含水量容易控制，易于保鲜，特别适合以鲜销为主的双孢蘑菇栽培企业；缺点是菇房多时投资会增加。

（3）**单体式制冷空调机组** 每个菇房1套，只能制冷，这种空调系统的优点是安全可靠，便于控制，夏季菇房除湿效果好，蘑菇易于保鲜，适合以鲜销为主的双孢蘑菇栽培；缺点是只能夏季使用，且菇房多时投资也会增加。

▶▶▶ 三、工厂化生产的技术要点 ◀◀◀

1. 培养料的配比

（1）**常用培养料** 工厂化的双孢蘑菇生产常用的原料有麦秸、稻草、鸡粪、牛粪、饼肥、石膏和磷肥等。原料的选择，既要考虑营养，又要考虑到培养料的通透性，麦秸和鸡粪是首选原材料。

（2）培养料要求 新鲜无霉变，麦秸含水量为18%~20%，含氮量为0.4%~0.6%，以黄白色草茎长者为佳。鸡粪要尽量干，不能有结块，含水量为30%左右，含氮量为4%~5%，以雏鸡粪最好，蛋鸡粪次之。石灰、石膏等辅料，要求无杂质，不含没有必要的重金属，特别是镁含量不宜过高，氧化镁含量控制在1%以下。

（3）培养料配制原则 培养料配制时，首先要计算初始含氮量，然后确定粪草比，最后确认培养料中碳和氮的比例。以粪草培养料配方为主的初始含氮量控制在1.5%~1.7%。以合成培养料配方为主的初始含氮量控制在2%左右。培养料配制的粪草比不能超过5:5，否则游离氨气将很难排尽。

> 【提示】 关于培养料配制中碳和氮的比例，国内资料一致推荐碳氮比为（30~33）:1，这种比例是基于国内相应的生产条件所给出的，在工厂化生产的培养料配制中碳氮比应为（23~27）:1，这种碳氮比的配制将在料仓和隧道系统中发挥优势。培养料配制中碳氮比在生理作用层面上，碳源主要供应微生物生长所需的能量，氮源主要参与微生物蛋白质合成，合成微生物内部的构造物质。对微生物生长发育来讲，培养基中碳氮比是极其重要的，对双孢蘑菇而言尤其关键，碳氮比例为（23~27）:1的培养料，在料仓和隧道系统中，有利于促进培养料发酵的有益微生物的生长发育，促进培养料的腐熟分解。在料仓中，培养料中的碳氮比逐渐降到（21~26）:1；在隧道中培养料中的碳氮比逐渐降到（14~16）:1，此时的碳氮比有利于蘑菇菌丝的生长发育，菌丝的良好生长为以后的蘑菇高产打下必要的基础。在培养料的堆制过程中，含氮量过低，会减弱微生物的活动，堆温低，延长发酵时间；含氮量偏高时，将会造成氨气在培养料中的积累，将抑制蘑菇菌丝的生长。因此，在配制培养料时，主料和辅料的用量必须按一定比例进行。

（4）推荐配方 麦秸1000千克，鸡粪1400千克，石膏110千克。其中麦秸含水量18%，含氮量0.48%；鸡粪含水量45%，含氮量3.0%。培养料中初始含氮量1.6%，碳氮比为23:1。

2. 培养料的堆制发酵

（1）场地要求 工厂化双孢蘑菇生产的培养料发酵在菌料厂内完

成，菌料厂封闭运行，分原料储备区、预湿混料区、一次发酵区和二次发酵区 4 个部分，对场地的要求是地势高，排水畅通，水源充足，菌料厂的地面都应采取水泥硬化，并根据生产需求设计合理的给水排水系统，菌料厂的布局细节暂不做论述。

（2）发酵用水 符合饮用水的卫生标准，用自来水或深井水，同时排水系统要有防污染设置，对排水要充分净化，发酵用水的质量控制指标为 pH 7 ~ 8，氮含量尽可能低，浸料池水的含氮量每批料都需要测量。

（3）堆制发酵 双区制的双孢蘑菇工厂，采取二次发酵技术，用料仓进行为期 16 天的一次发酵，用隧道进行为期 7 ~ 9 天的二次发酵。双区制双孢蘑菇培养料堆制发酵流程为：

原料预处理→培养料预湿处理→混料调制→一次发酵→隧道二次发酵→降温上料播种。

 【提示】 3 种发酵方式：

1）室外自然发酵：这种方式是最早使用的方法。国内大部分采用室外自然发酵堆肥的方法，花费的时间较长，堆肥混合不均匀，受外界因素的影响很大，堆肥发酵阶段的温度很难控制。

2）仓式发酵：是对室外自然发酵的大改进，由室外转移至室内进行发酵，可以是封闭的，也可以是半封闭的状态。进料跟传统的栽培模式一样，也是由装载机来完成。主要是通过控制进入堆肥的空气来控制整个发酵进程，人工控制进入整个堆肥的空气流量来调整发酵速度，仓式发酵的最大进步是在发酵仓内的地板下装入管道式通风系统，通风面积达 30%，由外界送风可以直接通过地板自下而上垂直加压进入堆肥，从而保证堆肥发酵温度的均一，进而可以使全部堆肥完全、充分并且均匀进行发酵。

3）隧道发酵：是对仓式发酵的更进一步改进。采用全封闭式结构，即对地板进行改进，使地面形成一种网状结构，地板为条形镂空式，总体通风面积占地板总面积的 50% 左右，进出料完全实现机械化，通过网状地面的设计，自然风按照设计的流向充分进入堆肥，在一个封闭的空间内进行充分的发酵，比较节省能源；厌氧发酵（促进碳水化合物的分解）与有氧发酵（促进蛋白质—氮的转化）交替进行，使秸秆充分分解、转化，并使部分氨离子（NH_4^+）固化，变成菌丝可以利用的氮源。从实际使用效果来看，没有大量的氨气排放，同时也缩短了一次发酵的时间。目前，在荷兰双孢蘑菇堆肥生产的公司，大多采用隧道发酵模式（图5-72）。

3. 栽培设施条件

控温菇房车间采用钢塑结构或砖混结构建造，封闭性、保温性和节能性好，利于控温、保湿、通风、光照和防控病虫害（图5-73）。单库菇房大小以 10 米 × 6 米 × 4 米为宜，中架宽1.3米，边架宽0.9米，层间距0.5米，底层离地面0.2米以上，架间走道0.7米。按冷库标

图5-72　培养料隧道发酵

准要求进行建造，制冷设备与冷库大小相匹配，配置制冷机及制冷系统、风机及通风系统和自动控制系统；应有健全的消防安全设施，备足消防器材；排水系统畅通，地面平整。

国内有的企业开发了节能菇房（图5-74），该菇房造价较低，产量接近于工厂化出菇房。

图5-73　工厂化菇房外观　　　　图5-74　节能菇房外观

【提示】　工厂化生产区要与生活区分隔开。生产区应合理布局，堆料场、拌料装料车间、制种车间、发酵车间、接种室、发菌室与控温菇房、包装车间、成品仓库、下脚料处理场各自隔离又合理衔接，防止各生产环节间交叉污染。

4. 上料、发菌

（1）准备 上料前结合上一个栽培周期用蒸汽将菇房加热至 70 ~ 80℃维持 12 小时，撒料并清洗菇房，上料前控制菇房温度在 20 ~ 25℃，要求操作时开风机保持正压。

（2）上料 用上料设备（图 5-75）将培养料均匀地铺到床架，同时把菌种均匀地播在培养料里，每平方米大约 0.6 升（占总播种量的 75%），料厚 22 ~ 25 厘米，上完料后立即封门，床面整理平整并压实，将剩余的 25% 菌种均匀地撒在料面，盖好地膜。地面清理干净，用杀菌剂和杀虫剂或二合一的烟雾剂消毒 1 次。

（3）发菌 料温控制在 24 ~ 28℃，相对湿度控制在 90%，根据温度调整通风量。每隔 7 天用杀虫杀菌剂消毒 1 次。14 天左右菌丝即可长好，覆土前 2 天揭去地膜，消毒 1 次。菇房内二氧化碳含量约为 1200 毫克/千克。

图 5-75 自动播种上料设备

（4）病虫害防治 此期间病虫害很少发生，对于出现的病害要及时将培养料清除出菇房做无害化处理；虫害（主要为菇蝇、菇蚊）在菇房外部设立紫外灯或黑光灯进行诱杀。菇房内定期结合杀菌用烟雾剂熏蒸杀虫即可。

5. 覆土和覆土期发菌管理

（1）覆土的准备 草炭土粉碎后加 25% 左右的河沙，用福尔马林、石灰等拌土，同时调整含水量在 55%~60%，pH 在 7.8 ~ 8.2，覆膜闷土 2 ~ 5 天，覆土前 3 ~ 5 天揭掉覆盖物，摊晾。

（2）覆土 把覆土材料均匀铺到床面，厚度 4 厘米。环境条件同发菌期一致，菌丝爬土后连续 3 天加水，加到覆土的最大持水量。

（3）搔菌 菌丝基本长满覆土后进行搔菌，2 天后将室温降到 15 ~ 18℃，进入出菇阶段。

6. 出菇

（1）降温 进入出菇阶段后，24 小时内将料温降到 17 ~ 19℃，室温降到 15 ~ 18℃，空气相对湿度在 92%，二氧化碳含量低于 800 毫克/升。

（2）**出菇** 保持上述环境到菇蕾至黄豆粒大小，降低空气相对湿度至80%～85%，其他环境条件不变。当双孢蘑菇长到花生粒大小后增加加水量（图5-76、图5-77）。

图5-76　工厂化出菇　　　　　图5-77　工厂化箱式出菇

（3）**采摘** 蘑菇大小达到客户要求后即可采摘，每潮菇采摘3～4天，第四天清床，将所有的蘑菇不分大小一律采完（图5-78），采后清理好床面的死菇、菇脚等。清床后根据覆土干湿和菇蕾情况加水2～3次，二潮菇后管理同第一潮菇。

图5-78　机械化采菇

【提示】 用机械采收的双孢蘑菇，一般用于加工，鲜销一般手工采摘。

（4）**清料** 三潮菇结束后，及时清理废菌料，并开展菌糠生物质资源的无害化循环利用。对生产场地及周围环境定期冲刷、消毒，菇房通入蒸汽使菇房温度达到70～80℃，维持12小时，降温后撤料开始下一周期的生产。

⚠ **【注意】** 工厂化生产的双孢蘑菇应推行产品包装标识上市，建立质量安全追溯制度及生产技术档案，生产记录档案应保留 3 年以上。生产技术档案包括以下 5 个方面：

① 产地环境条件，如空气质量，水源质量，菇房设施材料、结构及配套设备、器具等。

② 生产投入品（包括栽培料配方中原辅材料、肥料、农药及添加剂、所用菌种、拌料及出菇管理用水等）使用情况，包括名称、来源、用法和用量、使用和停用的日期等。

③ 生产管理过程中（从备料、预湿、一次发酵、二次发酵、播种、发菌、出菇，到采收）双孢蘑菇病虫害的发生和用药防治情况。

④ 双孢蘑菇采收日期、采收数量、商品菇等级、包装、加工。

⑤ 生产场所（菇棚、菇房）名称、栽培数量、记录人、入档日期。

第六章

食用菌病虫害诊断与防治

第一节 食用菌病害诊断与防治

　　食用菌栽培期间病害的种类较多，包括真菌、细菌和放线菌等，其中以细菌和真菌中的霉菌发生最普遍，危害也最严重。在食用菌生产过程中，如果对某一环节有所忽视，如环境不清洁卫生、灭菌不彻底或无菌操作不严格等都会导致病害的发生，造成杂菌污染，严重的整批报废。因此，了解和掌握食用菌病害的种类、发生规律、防治措施对食用菌高效、安全生产是十分必要的。

▶▶ 一、病害的基础知识 ◀◀

　　【定义】　食用菌在生长、发育过程中，由于环境条件不适，或遭受其他有害微生物的侵染，使其菌丝体正常的生长发育受到干扰或抑制，导致发菌缓慢、发菌不良、污染等生理、形态上的异常现象，称为病害。

　　📢　【提示】　在食用菌生长过程中，由于受机械损伤或昆虫、动物（不包括病原线虫）和人为活动的伤害所造成的不良影响及结果，不属于病害的范畴。

　　【病因（病原）】　引起病害的直接因素即为病因，在植物病理学上称为病原。病原按根本属性的不同，可分为生物性的（微生物）和非生物性的（环境因素）两大基本类型。由微生物病原引发的病害称为侵染性病害，也称为非生理病害；环境因素引发的病害称为非侵染性病害，也称为生理病害。

　　1. 非侵染性病害（生理病害）

　　非侵染性病害是由非生物因素的作用造成食用菌的生理代谢失调

139

而发生的病害。非生物因素是指食用菌生长发育的环境因子不适合或管理措施不当，如温度不适、空气相对湿度过高或过低、光线过强或过弱、通风不良、有害气体、培养料含水量过高或过低、pH过小或过大、农药和生长调节物质使用不当等，无病原微生物的侵染和活动。

【提示】 非侵染性病害无传染性，一旦不良环境条件解除，病害症状便不再继续，一般能恢复正常状态，该类病害在同一时间和空间内，所有个体全部发病。

2. 侵染性病害（非生理病害）

侵染性病害是由各种病原微生物侵染造成食用菌生理代谢失调而发生的病害。其病原是生物性的，故称病原物。病原物主要有真菌、细菌、病毒和线虫等，且具有传染性。

（1）真菌病害 引起食用菌病害的真菌绝大多数是霉菌类，具有丝状菌丝。这些病原真菌除腐生外，还具有不同程度的寄生性，在侵染的一定时期于被侵染的寄主表面形成病斑和繁殖体——孢子。这类真菌病原物多喜高温、高湿和酸性环境，以气流、水等为其主要传播方式。

（2）细菌病害 引发食用菌病害的细菌绝大多数是各种假单胞杆菌，这类细菌多喜高温、高湿、氧分压小、近中性的基质环境，气流、基质、水流、工具、操作和昆虫等都可传播。

（3）病毒病 病毒是一类专性寄生物，现已发现寄生为害食用菌的病毒有数十种，其中引起食用菌发病的病毒多是球形结构。

（4）线虫病 线虫是一类微小的原生动物。引起食用菌病害的线虫多为腐生线虫，广泛分布于土壤和培养料中。土壤、基质和水流是它们的主要传播方式。

【症状（病症）】 食用菌发病后，在外部和内部表现出来的种种不正常的特征称为症状，如菌丝生长缓慢、菌丝发黄等；病症是病原物在寄主体内或体外表现出来的特征，如放线菌在菌袋、菌瓶出现白色粉状斑点。

病状的特点用肉眼就可以看清楚，而病症的确定，除外观表现出不同的颜色和形状外，往往还要用显微镜进行微观观察才能诊断。

【提示】 非病原病害及由病毒侵染引起的病毒病害，只有病状表现而无病症出现；由病原真菌、细菌侵染引起的病害，一般既有病状表现又有病症表现，且往往以病症为主要依据。

▶▶ 二、病害的发生 ◀◀

【发病条件】 侵染性病害的发生过程（病程）主要是食用菌、病原微生物和环境条件三大因子之间相互作用的结果。不论侵染性病害还是非侵染性病害，它们的发生都必须具备以下条件。

1）食用菌本身是不抗病或抗病能力差的。

2）病原大量存在。

3）环境条件特别是温度、湿度、养分等不利于食用菌本身的生长发育而有利于病原生物的生长发育。

4）预防措施不正确或预防工作未做好。

只有在以上这4个条件同时具备时病害才可能发生，缺少其中任何一个条件都不能或不易发生病害。

【发病规律】

（1）非侵染性病害 其发生、发展速度和发病轻重，取决于不利环境因素作用的强弱、持续时间的长短及食用菌本身抗逆性的强弱。

（2）侵染性病害 真菌病害的传播较细菌相对慢，一般来说，多数霉菌需3天左右才能形成孢子，进行再侵染，而细菌病害要快得多。病毒由于是菌种传播，一旦发生就是普遍的，且无药可医。

【提示】 大多数病害以培养料、水流、通风、操作等方式传播。

▶▶ 三、病害的防治原理、原则与措施 ◀◀

1. 非侵染性病害

非侵染性病害关键在于预防，从培养料的配制、发菌条件的调节，到菇房环境条件的控制，在食用菌的整个发育过程中，都要尽一切可能创造利于食用菌生长发育的条件来抑制此类病害的发生。

2. 侵染性病害

【防治原理】

（1）**阻断病源**　使侵染源不能进入菇房，如不使用带病菌种、培养料进行规范的发酵或灭菌、覆土材料用前进行蒸汽消毒或药剂消毒、旧菇房进行彻底消毒、清洁环境等。

（2）**阻断传播途径**　任何病害，在生长期如果仅发生一次侵染，一般不会造成危害，只有发生再次侵染，才会对生产造成明显的危害。因此，病害发生后阻断传播途径很重要，如用具消毒、及时灭虫灭螨等。

（3）**阻抑病原菌的生长**　多数食用菌病害都喜高温高湿，适当降温降湿，加强通风，对多种病原微生物都有程度不同的阻抑作用。

（4）**杀灭病原物**　进行场所内外的消毒和必要的药剂防治。

【防治原则】

（1）**以培养料和覆土的处理为重点**　多种食用菌病害的病原物都自然存在于培养料和覆土材料中，是食用菌病害的最初侵染源。因此，除必须进行发酵料栽培外，尤其是在发病区或老菇棚，应尽量进行熟料栽培。

（2）**场所和环境消毒要搞好**　环境和场所消毒最简单和经济的方法是阳光下曝晒，可将菇棚盖顶掀起，先晒地面，然后深翻，再曝晒。甲醛、过氧乙酸、硫黄、漂白粉等也是很好的环境消毒剂，且无污染。

（3）**栽培防治贯穿始终**　在整个栽培过程中，特别要注意温度和湿度的控制，加强通风，抑制病原菌的生长和侵染，同时注意用具的消毒，并创造一个洁净的生长环境。

（4）**一旦发病及早进行处理**　出菇期病害一旦发生，要及早处理，如清除病菇、处理病灶、喷洒杀菌剂等。若处理不及时，很易造成病害流行，难以控制。

（5）**先采菇后施药，出菇留足残留期**　采用药剂防治时，必须做到先采菇，后施药，施药后的菇房采取偏干管理，抑制子实体原基形成。

【提示】　目前使用的杀菌剂残留期一般为14天，多数食用菌子实体从原基形成至成熟采收需7天左右。因此，施药后约8天才可进行出菇。

>>> 四、食用菌栽培常见病害 <<<

1. 毛霉

毛霉是食用菌生产中一种普遍发生的病害，又称为黑霉病、黑面包霉病。

【危害情况及症状】 毛霉是一种好湿性真菌，在培养料上初期长出灰白色、粗壮、稀疏的气生菌丝，菌丝生长快，分解淀粉能力强（图6-1），能很快占领料面并形成交织稠密的菌丝垫，使培养料与空气隔绝，抑制食用菌菌丝生长。后期从菌丝垫上形成许多圆形灰褐色、黄褐色至褐色的小颗粒，即孢子囊及其所具颜色。

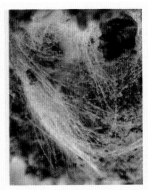

图6-1 毛霉菌丝体

【形态特征】 毛霉的菌丝体在培养基内或培养基上能迅速蔓延，无假根和匍匐菌丝。菌落在PDA培养基上呈松絮状，初期白色，后期变为黄色有光泽或浅黄色至褐灰色。孢囊梗直接由菌丝体生出，一般单生，分枝或较小不分枝。分枝方式有总状分枝和假轴分枝两种类型。孢囊梗顶端膨大，形成球形孢子囊，着生在侧枝上的孢子囊比较小。

【发病规律】

（1）侵染途径 毛霉广泛存在于土壤、空气、粪便、陈旧草堆及堆肥上，对环境的适应性强，生长迅速，产生的孢子数量多，空气中飘浮着大量毛霉孢子。在食用菌生产中，若不注意无菌操作和搞好环境卫生等技术环节，毛霉会大量发生。毛霉的孢子靠气流传播，是初侵染的主要途径。已发生的毛霉，新产生的孢子又可以靠气流或水滴等媒介再次传播侵染。

（2）发病条件 毛霉在潮湿条件下生长迅速，如果菌瓶或菌袋的棉塞受潮，或接种后培养室的湿度过高，均易受毛霉侵染。

【防治措施】 注意搞好环境卫生，保持培养室周围及栽培地清洁，及时处理废料。接种室、菇房要按规定清洁消毒；制种时操作人员必须保证灭菌彻底，袋装菌种在搬运等过程中要轻拿轻放，严防塑料袋破裂；经常检查，发现菌种受污染应及时剔除，绝不播种带病菌种；如在菇床培养料上发生毛霉，可及时通风干燥，控制室温在 20～22℃，待抑制后再恢复常规管理；适当提高 pH，在拌料时加 1%～3% 的生石灰或喷 2% 的石灰水可抑制毛霉生长。药剂拌料，用干料重量 0.1% 的甲基托布津，预防效果较好。

2. 根霉

根霉属于接合菌亚门、根霉属，是食用菌菌种生产和栽培中常见的杂菌。

【危害情况及症状】 根霉由于没有气生菌丝，其扩散速度较毛霉慢。培养基受根霉侵染后，初期在表面出现匍匐菌丝向四周蔓延，匍匐菌丝每隔一定距离，长出与基质接触的假根，通过假根从基质中吸收营养物质和水分（图 6-2）。后期在培养料表面 0.1～0.2 厘米高处形成许多圆球形、颗粒状的孢子囊，颜色由开始时的灰白色或黄白色，至成熟后转为黑色，整个菌落外观犹如一片林立的大头针，这是根霉污染最明显的症状。

【形态特征】 菌落初期为白色，老熟后为灰褐色或黑色。匍匐菌丝为弧形、无色，向四周蔓延。由匍匐菌丝与培养基接触处长出假根，非常发达，多枝、褐色。在假根处向上长出孢囊梗，直立，每丛有 2～4 条成束，较少单生或 5～7 条成束，不分枝，暗灰色或暗褐色，长 500～3500 微米。顶端形成孢子囊，孢子囊球形或近球形，初期为黄白色，成熟后为黑色（图 6-3）。孢囊孢子球形、卵形，有棱角或线状条纹。

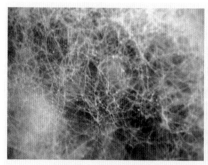
图 6-2 根霉菌丝体

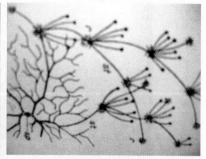
图 6-3 显微镜下根霉菌丝体形态

【发病规律】

（1）侵染途径 根霉适应性强，分布广，在自然界中生活于土壤、动物粪便及各种有机物上，孢子靠气流传播。

（2）发病条件 根霉与毛霉同属于好湿性真菌，生长特性相近，其菌丝分解淀粉的能力强，在 20 ~ 25℃的湿润环境中，3 ~ 5 天便可完成 1 个生活周期。培养基中麦麸、米糠用量大，灭菌不彻底，接种粗放，培养环境潮湿，通风差，栽培场地和培养料未严格消毒、灭菌等，均易导致根霉污染蔓延。

【防治措施】 选择合适的栽培场地，远离牲畜粪等含有机物的物质；加强栽培管理，适时通风透气，保持适当的温湿度，清理周围废弃物，减少病源；选用新鲜、干燥、无霉变的原料作为培养料，在拌料时麦麸和米糠的用量控制在 10% 以内。

3. 曲霉

曲霉在自然界中分布广泛，种类繁多，有黑曲霉、黄曲霉、烟曲霉、亮白曲霉、棒曲霉、杂色曲霉和土曲霉等，是食用菌生产中经常发生的一种病害，其中以黑曲霉、黄曲霉发生最为普遍。

【危害情况及症状】 曲霉不同的种，在培养基中形成不同颜色的菌落，黑曲霉菌落呈黑色，黄曲霉呈黄色至黄绿色（图 6-4），烟曲霉呈蓝绿色至烟绿色，亮白曲霉呈乳白色；棒曲霉呈蓝绿色，杂色曲霉呈浅绿色、浅红色至浅黄色，大部分呈浅绿色类似青霉属。曲霉除污染培养基外，还常出现在瓶（袋）口内侧壁上和封口材料上。曲霉污染时除了吸取培养料养分外，还能隔绝氧气，分泌有机酸和毒素，对菌丝生长有一定的拮抗和抑制作用。

【形态特征】 曲霉菌丝比毛霉短而粗，绒状，具分隔、分枝，扩展速度慢；分生孢子串生，似链状；分生孢子头由顶囊、瓶梗、梗基和分生孢子链构成，具有不同形状和颜色，如球形、放射形和黑色、黄色等。

【发病规律】

（1）侵染途径 曲霉广泛存在于土壤、空气及腐败有机物上，分生孢子靠气流传播，是侵染的主要途径。

（2）发病条件 曲霉主要利用淀粉，凡谷粒培养基或培养基含淀粉较多的容易发生；曲霉又具有分解纤维素的能力，因此木制特别是竹制的床架，在湿度大通风不良的情况也极易发生；适于曲霉生长的酸碱度近中性，凡 pH 近中性的培养料也容易发生。培养基配制时，使用发霉变质的麸皮、米糠等作为辅料，基质含水量较低或湿料夹干料，灭菌不彻底，接种未能无菌操作，封口材料松，气温高，通风不良等，都能引发曲霉污染（图6-5）。

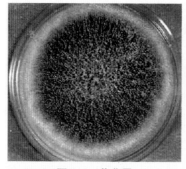

图6-4　黄曲霉　　　图6-5　培养料被黄曲霉污染

【防治措施】　防止菌袋在灭菌过程中棉塞受潮，一旦发生，要在接种箱（接种车间）内及时更换经过灭菌的干燥棉塞；接种时要严格检查菌袋上的棉塞是否长有曲霉，若有感染症状的，必须立即废弃；培养室要用强力气雾消毒剂进行严格的消毒处理，当菌袋移入培养室后，应阻止无关人员随便出入。

4. 青霉

青霉是食用菌生产中常见的一种污染性杂菌，危害较普遍的种有圆弧青霉、产黄青霉、绳状青霉、产紫青霉、指状青霉和软毛青霉等。在分类学上属半知菌亚门、丝孢纲、丝孢目、丝孢科、青霉属。

【危害情况及症状】　青霉发生初期，污染部位有白色或黄白色的绒毯状菌落出现，1～2天后便逐渐变为浅绿或浅蓝色的粉状霉层，霉层外圈白色，扩展较慢，有一定的局限性，老的菌落表面常交织成一层膜状物，覆盖在培养料面，使之与空气隔绝，并能分泌毒素，使食用菌菌丝体致死（图6-6）。

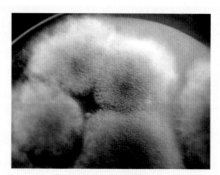

图6-6　青霉

在生产过程中，青霉发生严重时，可使菌袋腐败报废。

【形态特征】 青霉菌丝无色，具隔膜，菌丝初呈白色，大部分深入培养料内，气生菌丝少，呈绒毯状或絮状；分生孢子梗先端呈扫帚状分枝，分生孢子大量堆积时呈青绿色、黄绿色或蓝绿色粉状霉层（图6-7、图6-8）。

图6-7 培养料被青霉污染

图6-8 菌袋被青霉污染

【发病规律】

（1）侵染途径 青霉分布范围广，多为腐生或弱性寄生，存在多种有机物上，产生的分生孢子数量多，通过气流传入培养料是初次侵染的主要途径。致病后产生新的分生孢子，可通过人工喷水、气流、昆虫传播，是再侵染的途径。

（2）发病条件 在28～30℃下，最容易发生；培养基含水量偏低、培养料呈酸性、菌丝生长势弱等，均有利于青霉的生长。

【防治措施】 认真做好接种室、培养室和生产场所的消毒灭菌工作，保持环境清洁卫生，加强通风换气，防止病害蔓延；调节培养料适当的酸碱度，栽培蘑菇、平菇和香菇的培养料可选用1%～2%的石灰水调节至微碱性。采菇后喷洒石灰水，刺激食用菌菌丝生长，抑制青霉菌发生；局部发生此病时，可用5%～10%的石灰水涂擦或在患处撒石灰粉，也可先将其挖除，再喷3%～5%的硫酸铜溶液杀死病菌。

5. 木霉

木霉在自然界中分布广，寄主多，因此它是食用菌生产中的主要病害。常见的种有绿色木霉、康氏木霉，在分类学上属半知菌亚门、丝孢纲、丝孢目、丝孢科、木霉属。

【危害情况及症状】 培养料受侵染后，初期菌丝白色、纤细、致密，形成无固定形状的菌落。后期从菌落中心到边缘逐渐产生分生孢子，使菌落由浅绿色变成深绿色的霉层（图6-9）。菌落扩展很快，特别在高温潮湿条件下，几天内整个料面几乎被木霉菌落所布满。

【形态特征】 木霉菌丝纤细、无色、多分枝、具隔膜，初为疏松棉絮状或致密丛束状，后扁平紧实，白色至灰白色；分生孢子多为球形、椭圆形、卵形或长圆形，孢壁具明显的小疣状凸起，大量形成时为白色粉状霉层，然后霉层中央变成浅绿色，边缘仍为白色，最后全部变为浅绿至暗绿色。

图6-9 菌袋被木霉污染

【发病规律】

（1）侵染途径 分生孢子通过气流、水滴、昆虫等媒介传播至寄主。带菌工具和场所是主要的初侵染源。木霉侵染寄主后，即分泌毒素破坏寄主的细胞质，并把寄主的菌丝缠绕起来或直接把菌丝切断，使寄主很快死亡。已发病产生的分生孢子，可以多次重复再侵染，尤其是高温潮湿条件下，再次侵染更为频繁。

（2）发病条件 食用菌生产的培养料主要是木屑、棉籽壳等，如果灭菌不彻底极易受木霉侵染。木霉孢子在15～30℃下萌发率最高，菌丝体在4～42℃范围内都能生长，而以25～30℃生长最快。木霉分生孢子在空气相对湿度为95%的高湿条件下，萌发良好，但由于适应性强，在干燥的环境中，仍能生长。木霉喜欢在微酸性的条件下生长，特别是pH在4～5时生长最好。

【防治措施】 保持制种和栽培房的清洁干净，适当降低培养料和培养室的空间湿度，栽培房要经常通风；杜绝菌源上的木霉，接种前要将菌种瓶（袋）外围彻底消毒，并要确保种内无杂菌，保证菌种的活力与纯度；选用厚袋和密封性强的袋子装料，灭菌彻底，接种箱、接种室空气灭菌彻底，操作人员保持卫生，操作速度要快，封口要牢，从多环节上控制木霉侵入；发菌时调控好温度，恒温、适温发菌，缩短发菌时间，也能明显地减少木霉侵害；对老菌种房、老菇房内培养的菌袋，可用药剂拌料如多菌灵、菇丰都可使用，用量为1000倍，可有效地减少木霉菌侵入为害。

6. 链孢霉

链孢霉是食用菌生产常见的杂菌，高温下其危害性有时比木霉更为严重。在分类学上属子囊菌亚门、粪壳霉目、粪壳霉科。

【**危害情况及症状**】　链孢霉常发生在 6 ~ 9 月，是一种顽强、速生的气生菌，培养料被其污染后，即在料面迅速形成橙红色或粉红色的霉层（分生孢子堆）（图 6-10）。霉层如果在塑料袋内，可通过某些孔隙迅速布满袋外，在潮湿的棉塞上，霉层厚可达 1 厘米。在高温高湿条件下，能在 1 ~ 2 天内传遍整个培养室

图 6-10　菌袋被链孢霉污染

培养料一经污染很难彻底清除，常引起整批菌种或菌袋报废，经济损失很大。

【**形态特征**】　链孢霉菌丝白色或灰白色，具隔膜，疏松，网状；分生孢子梗直接从菌丝上长出，与菌丝相似；分生孢子串生成长链状，单个无色，成串时粉红色，大量分生孢子堆积成团时，为橙红至红色，老熟后，分生孢子团干散蓬松呈粉状。

【**发病规律**】

（**1**）**侵染途径**　培养室环境不卫生、培养料高压灭菌不彻底、棉塞受潮过松、菌袋破漏是链孢霉初侵染的主要途径。培养料一旦受侵染后产生新的分生孢子，是再侵染的主要来源。

（**2**）**发病条件**　链孢霉在 25 ~ 36℃生长最快，孢子在 15 ~ 30℃萌发率最高。培养料含水量在 53% ~ 67% 时链孢霉生长迅速，特别是棉塞受潮时，能透过棉塞迅速伸入瓶内，并在棉塞上形成厚厚的粉红色的霉层。链孢霉在 pH 5 ~ 7.5 生长最快。

【**防治措施**】　对链孢霉主要采取预防措施，即消灭或切断链孢霉菌的初侵染源。菌袋发菌初期受侵染，已出现橘红色斑块时，首先要对空气和环境强力杀菌，控制好污染源，在向染菌部位或在分生孢子团上滴上煤油、柴油等，即可控制蔓延。袋口、颈圈、垫架子的纸上有污染

的，去掉污染颈圈、纸放入500倍甲醛液中，并用0.1%碘液或0.1%克霉灵（美曲帕星）溶液，洗净袋口换上经消毒的颈圈、纸，继续发菌；棚内地面上、棚内膜及其他菌袋上应及时喷上石灰水和0.1%的克霉灵，杀灭棚内空气中的孢子，并在棚内造成碱性条件，抑制链孢霉传播扩散。

【提示】 瓶外、袋外已形成橘红色块状孢子团的，切勿用喷雾器直接对其喷药，以免孢子飞散而污染其他菌种瓶或菌袋。发生红色链孢霉污染的菌室，也不要使用换气扇。

7. 链格孢霉

链格孢霉又名交链孢霉，是食用菌生产中常见的一种污染菌。由于在培养基上生长时，菌落呈黑色或黑绿色的绒毛状，故俗称黑霉菌（图6-11）。在分类学上属半知菌亚门、丝孢纲、丝孢目、暗孢科、链格孢属。

【危害情况及症状】 菌落呈黑色或黑绿色的绒状或粉状。灰黑至黑色的菌丝体生长迅速而多，发生初期出现黑色斑点，不久即扩散且以压倒性的优势侵染菌丝体。它与黑曲霉的菌落都是黑色，但链格孢霉的菌落呈绒状或粉状，而黑曲霉的菌落呈颗粒状，粗糙、稀疏。受污染后的培养料变黑腐烂，菌丝不能生长。

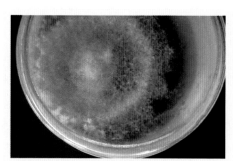

图6-11 链格孢霉菌落

【形态特征】 该菌在PDA培养基上生长时，菌落均黑色，菌丝绒状生长，分生孢子梗暗色，单枝，长短不一，顶生不分枝或偶尔分枝的孢子链，分生孢子暗色，有纵横隔膜，倒棍形、椭圆形或卵形，常形成链，单生的较少，顶端有喙状的附属丝。

【发病规律】

（1）侵染途径 链格孢霉在自然界分布广，大量存在于空气、土壤、腐烂果实和作为培养料的秸秆、麸皮等有机物上，其孢子可通过空气传播。因此，灭菌不彻底，无菌接种不严格等都是造成污染的原因。

（2）**发病条件** 该菌要求高湿和稍低的温度。因此，在气候温暖地区的晚夏和秋季，以及培养料含水量高和湿度大的条件下容易发生。

【**防治措施**】 参见根霉和链孢霉的防治措施。

【**提示**】 发现污染及时清除，或将污染菌袋浸泡于5%的石灰水中使其菌丝受到碱性抑制，千万不要胡乱丢弃，以防形成新的感染源。

8. 酵母菌

酵母菌为菌种分离培养、食用菌生产中常见的污染菌。为害食用菌的属有隐球酵母和红酵母，在分类上属半知菌亚门，芽胞纲、隐球酵母目、隐球酵母科。

【**危害情况及症状**】 菌瓶（袋）受酵母菌污染后，引起培养料发酵，发黏变质，散发出酒酸气味，菌丝不能生长（图6-12）。试管母种被隐球酵母菌污染后，在培养基表面形成乳白色至褐色的黏液团；受红酵母侵染后，在试管斜面形成红色、粉红色、橙色、黄色的黏稠菌落。均不产生绒状或棉絮状的气生菌丝。

【**形态特征**】 酵母菌菌落外观上与细菌菌落较为相似，但远大于细菌菌落，且菌落较厚，大多数呈乳白色，少数呈粉红色或乳黄色（图6-13）。酵母菌除极少数种类以裂殖方式繁殖外，大多数是以芽殖方式进行的，呈圆形、椭圆形或腊肠形等，其形态的不同往往与培养条件改变有关。

图6-12 菌袋被酵母菌污染

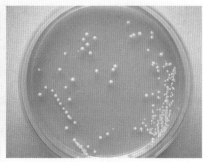
图6-13 酵母菌菌落

【**发病规律**】 酵母菌在自然界分布广泛，到处都有，大多腐生在植物残体、空气、水及有机质中。在食用菌生产中，初次侵染是由空气传播孢子；再次侵染是通过接种工具（消毒不彻底）传播。培养基含水量大、透气性能差，发菌期通风差等，均有利于酵母菌侵害。

【防治措施】 控制培养料适宜的含水量，防止含水量过高；培养基灭菌要彻底，接种工具要进行彻底消毒，接种时要严格按无菌操作规程进行；选用质量优良、纯正、无污染的菌种；加强管理，保持环境清洁卫生；培养室内防止温度过高。

9. 细菌

细菌是一类单细胞原核生物，隶属裂殖菌门、裂殖菌纲。其分布广、繁殖快，常造成食用菌的严重污染。为害食用菌的细菌大多数为芽孢杆菌属和假单胞杆菌属中的种类。

【危害情况及症状】 细菌在食用菌生产中发生普遍，危害也相当严重。试管母种受细菌污染后，在接种点周围产生白色、无色或黄色黏状液（图6-14），其形态特征与酵母菌的菌落相似，只是受细菌污染的培养基能发出恶臭气味，食用菌菌丝生长不良或不能扩展（图6-15、图6-16）。液体菌种被细菌污染后，不能形成菌丝球。

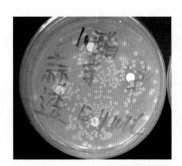

图 6-14　细菌菌落

图 6-15　被细菌污染的菌瓶

图 6-16　被细菌污染的菌袋

【形态特征】 细菌的个体形态有杆状、球状或弧状。芽孢杆菌属的细菌呈杆状或圆柱状，大小为（1～5）微米×（0.2～1.2）微米，当做成水装片时，经特殊染色，可观察到鞭毛。当环境不良时，能在体内形成一个圆形或椭圆形的芽孢。芽孢外披厚壁，抗逆性强，尤其是对高温有非常强的忍耐力，一般在100℃下3小时仍不丧失生活力，革兰氏染色呈阳性。假单胞菌属的细菌，细胞性状差异很大，通常呈杆状或球形，大小为（0.4~0.5）微米×（1.0~1.7）微米，典型的细胞在一端或两端具有1条或多条鞭毛，形成白色菌落，有的种能产生荧光色素或其他色素，革兰氏染色呈阴性反应。

【发病规律】

（1）侵染途径 细菌广泛存在于土壤、空气、水和各种有机物中，初次侵染通过水、空气传播，再次侵染通过喷水、昆虫、工具等传播。

（2）发病条件 细菌适于生活在中性、微碱性和高温高湿环境中。培养基或培养料的pH呈中性或弱碱性反应，含水量或料温偏高，都有利于细菌的发生和生长。此外，在生产过程中，培养基灭菌不彻底、环境不清洁卫生、无菌操作不严格等，也易引起细菌污染。

【防治措施】 培养基、培养料及玻璃器皿灭菌要彻底，培养料要选用优质无霉变的原料，接种要严格按无菌操作规程进行。

10. 放线菌

引起食用菌污染的放线菌有链霉属的白色链霉菌、湿链霉菌、面粉状链霉菌和诺卡氏菌属的诺卡氏菌。在分类上属厚壁菌门、放线菌纲、放线菌目、链霉菌科和诺卡氏菌科。

【危害情况及症状】 放线菌对食用菌不是大批污染，而是个别菌种瓶出现不正常症状，发生时在瓶壁上出现白色粉状斑点，常被认为是石膏的粉斑；或出现白色纤细的菌丝，也容易与接种的菌丝相混淆，其区别是被放线菌污染后出现的白色菌丝，有的会大量吐水；有的会形成干燥发亮的膜状组织；有的会交织产生类似子实体的结构，多数种会产生土腥味。

【形态特征】 放线菌是单细胞的菌丝体，菌丝分营养菌丝和气生菌丝两种。不同的种其形态也有差别：在琼脂培养基上白色链霉菌气生菌丝白色，基内菌丝基本无色，孢子丝呈螺旋状。湿链霉菌孢子成熟后，孢子丝有自溶特性，俗称"吸水"，孢子丝呈螺旋状。面粉状链霉菌气生菌丝白色。诺卡氏菌不产生大量菌丝体，基内菌丝断裂成杆状或球菌状小体，表面多皱，呈粉质状（图6-17）。

【发病规律】 放线菌在自然界广泛存在，主要分布在土壤中，尤其是在中性、碱性或含有机质丰富的土壤中最多。此外，在稻草、粪肥等也都有分布。初次侵染是通过空气传播孢子，再次侵染是通过用作培养料的原材料。

【防治措施】 选用优质菌种，注意环境卫生，严格按无菌操作规程进行，防止孢子进入接种室（箱）。

11. 白色石膏霉

白色石膏霉，又叫粪生帚霉、粪生梨孢帚霉等，属真菌门、半知菌亚门、丝孢纲、丝孢目、丛梗孢科。

【危害情况与症状】 白色石膏霉在生产栽培中较为常见，主要为害蘑菇菌丝。该菌落下的培养料中双孢菇菌丝无法生长，培养料散发明显的酸臭味。白色石膏霉产生的孢子量大，传播快，常引起二次感染，造成较大的损失，但这种病菌被消灭后，食用菌菌丝仍能恢复生长。

【形态特征】 菇床感染白色石膏霉后，开始在培养料面上出现白色绵毛状菌丝体，后形成圆形菌斑，大小不一，白色，形似一层氧化后的石灰（图6-18）吸附在培养料中，经3～5天绵毛状菌落转变成白色革质状物，后期变成白色石膏状的粉状物，阻止蘑菇菌丝向上或向下延伸，出现不结菇现象，严重的甚至绝收；到后期蘑菇菌丝消失，白色石膏霉病菌也随之发黄。

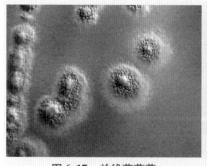

图6-17　放线菌菌落　　　　图6-18　白色石膏霉为害情况

【发病规律】 白色石膏霉平时生活在土壤中，也生长在枯枝落叶等植物残体上，孢子随气流、覆土、培养料进入菇房。在培养料发酵不良（堆温太低、未腐熟）、含水量过高、酸碱度过高的条件下，极易发生和蔓延。

【提示】 该病害的发病原因主要因为生存于土壤中的白色石膏霉产生大量的孢子，借气流或雨水传播，通过培养料或覆土进入栽培基质，在培养料含水量过高及空气相对湿度过高的条件下促使白色石膏霉病菌生长。培养料堆制质量差，特别是牲畜粪便未充分腐熟的培养料极易发生该病害；白色石膏霉适宜在碱性条件下生长，堆制时石灰用量不能大于8.2。

【防治措施】 搞好菇房内外的环境卫生，使用菇房前对菇房内外用消毒液喷洒，以杀死残存的病菌孢子；堆料场地要无病菌污染，覆土要取地表以下 30 厘米左右的深层土，并将土用甲醛熏蒸处理，方法是1 米^3 覆土用5%的甲醛2.5 千克，混合50%的敌敌畏200 倍液喷洒，用塑料薄膜闷 24 小时后揭开，待甲醛气味完全消失后，再进行覆土，以免产生药害；发病部位可用1∶7 的醋酸喷洒或 500～800 倍液多菌灵喷洒，在发病部位撒过磷酸钙。

12. 黏菌

黏菌是介于动物和真菌之间的一类生物，它们的生活史中，一段是动物性的，另一段是植物性的。

【危害情况及症状】 黏菌的营养构造、运动和摄食方式与原生动物中的变形虫相似（图 6-19），在繁殖期产生有纤维质细胞壁的孢子，具有真菌性状（图 6-20）。

图 6-19　黏菌为害食用菌　　　　　图 6-20　黏菌菌落

【分布情况】 黏菌的分布是世界性的，温带地区种类最多。

【防治措施】 发生黏菌污染时要停止喷水，降湿，加大通风，减少栽培场地的有机物，如菇根等。可用硫酸铜 500 倍液喷洒；链霉素

200 倍水溶液喷洒，连喷 3 天，每天 1 次。

五、常见病害的综合防治

1. 生料和发酵料栽培的杂菌防治

1）提高培养料的 pH，在不明显影响食用菌菌丝生长的前提下，抑制霉菌的生长。

2）培养料适当偏干，增加透气性，促进食用菌丝生长，抑制霉菌生长。

3）加大接种量，尽快抢占培养料的微生物种群优势。

4）料中适量加入发酵剂或多菌灵等杀真菌剂，抑制霉菌生长。

5）创造利于食用菌生长的环境条件，如温度、通风，促进食用菌生长来抑制杂菌的繁殖。

6）科学合理发酵，制作只利于食用菌生长而不利于杂菌生长的选择性基质，包括适于食用菌生长的理化性状和微生物区系。

2. 熟料栽培的杂菌控制

1）选用洁净、新鲜、无霉变的原料，并彻底灭菌。这是预防杂菌污染的第一道防线。

2）认真挑选菌种，杜绝菌种带杂菌。

3）科学配料，控制水分和 pH，创造不利于杂菌侵染的基质条件。经验表明，料中麦麸多或加入糖后，霉菌污染率较高；当用豆粉或饼肥粉代替部分麦麸，并无糖时，霉菌污染率可明显降低；含水量偏高时，霉菌污染发生多，含水量偏低时，霉菌污染发生少。

4）严格接种，严把无菌操作关。

5）创造适宜的培养条件，促进菌丝快速、健壮生长，要注意场所洁净、干燥，以减少外界杂菌的侵染。

第二节 食用菌虫害诊断与防治

食用菌生产中的常见害虫有螨类、菇蚊、瘿蚊等。

一、螨 类

螨类又名菌虱、红蜘蛛，属于节肢动物门蜱螨目。螨类在食用菌生产中常见的种类有速生薄口螨、根螨、腐食酪螨和嗜菌跗线螨等。这些螨类体积小，肉眼不易发现，大量繁殖时很多个体堆积在一起呈咖啡色粉状堆物。螨类可以通过棉塞侵入菌瓶（袋）中，取食菌丝体，所以培养时若发现有退菌现象，可能是螨类造成的。

【形态识别】　螨类形似蜘蛛，圆形或卵形，体长 0.2 ~ 0.7 毫米，肉眼不易看清。它与昆虫的主要区别是：无翅、无触角、无复眼、足 4 对，身体不分节，体表密布长而分叉的刚毛（图 6-21），体色多样，有黄褐色、白色、肉色等，口器分为咀嚼式和刺吸式两种（图 6-22）。

图 6-21　螨显微图　　　图 6-22　螨

【发生规律】　螨类多为两性卵生生殖。雌、雄螨发育阶段有别：雌螨一生经过卵、幼螨、第一若螨、第二若螨至成螨等发育阶段；雄螨则无第二若螨期。幼螨足为 3 对，若螨期以后有足 4 对。螨类喜栖温暖、潮湿的环境，发育、繁殖的适温为 18 ~ 30℃，在湿度大的环境中，繁殖速度快，一年少则 2 ~ 3 代，多则高达 20 ~ 30 代。当生活条件不适或食料缺乏时，有些螨类还能改变成休眠体在不良环境中生存几个月或更长时间，一遇适宜环境，便蜕皮变成若螨，再发育为成螨。

【侵入途径与危害症状】　螨类主要潜藏在厩肥、饼粉、培养料内，粮食、饲料等谷物仓库，以及禽舍畜圈、腐殖质丰富等环境卫生差的场所。螨类可随气流飘移，也能借助昆虫、培养料、覆土材料、生产用具和管理人员的衣着等为媒介扩散，侵入食用菌菌丝及子实体。

⚠ 【注意】　螨类侵入为害时，会使接种块难于萌发或萌发后菌丝稀疏暗淡（图 6-23），受害重的会因菌丝萎缩而报废。

全彩版

图6-23　螨为害菌丝

【防治措施】

1）把好菌种质量关，保证菌种不带害螨。

2）搞好菇房卫生，菇房要与粮食、饲料、肥料仓库保持一定距离。

3）可用敌杀死加石灰粉混合后装在纱袋中，抖撒在菇房四周，对害螨防效较好。

4）将蘸有40%~50%敌敌畏的棉团，放在菇床下，每隔67~83厘米放置3处，呈"品"字形排列，并在菇床培养料上盖一张塑料薄膜或湿纱布。害螨嗅到药味，迅速从料内钻出，爬至塑料薄膜或湿纱布上，然后取下集满害螨的薄膜或纱布，放在热水中将害螨烫死。

二、菇　蚊

【形态识别】　成虫体黑色（图6-24），体长2~4毫米；复眼大，1对，黑色，顶部尖；触角丝状（虚线状），16节。卵椭圆形，初为浅黄绿色，孵化前无色透明。幼虫蛆状，无足；初孵幼虫白色，体长0.76毫米左右（图6-25），老熟幼虫乳白色，体长5.5毫米左右，体分12节；幼虫头部黑色，有一较硬（骨质化）的头壳，大而凸出，咀嚼式口器，发达。蛹黄褐色（图6-26），腹节8节，每节有1对气门。

图6-24　菇蚊成虫

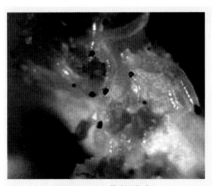

图 6-25　菇蚊幼虫　　　　图 6-26　菇蚊蛹

【发生规律】　菇蚊在 1 年内发生多代，在 15℃下，繁殖 1 代为 33 天；在 25℃下，繁殖 1 代为 21 天，在 30℃下，繁殖 1 代为 9 天。成虫活跃善飞，一般在 10℃以上开始活动，当气温达 16℃以上时，成虫大量繁殖。全年成虫盛发期是秋季 9 ~ 11 月和春季 3 ~ 5 月。15 ~ 21℃的中温条件对成虫发生有利，一年之中成虫活动最盛的是秋季，而雌成虫比例最高时则在春季，低温下繁殖的成虫体大，产卵量多，在 16℃左右时，产卵量最高。

成虫在有光的培养室中活动频繁，其迁入量是黑暗条件下迁入量的数十倍或上百倍，培养室内若有发黄衰老的食用菌菌袋、腐烂的培养料对成虫都有很强的引诱力，而成虫对糖、醋、酒混合液则表现出一定的忌避性。在 18 ~ 24℃时，成虫期 2 ~ 4 天，成虫交尾后产卵于菌床表面的培养料上或覆土缝中，在环境湿度为 85%以上时，卵期为 5 ~ 6 天。幼虫寄生、腐生能力强，活动范围大，具有喜湿性、趋糖性、避光性和群集性等习性。在 15 ~ 28℃条件下，生长发育好，活动能力强；10℃以下，幼虫停食不活动。菇蚊的各种形态都能越冬，但以老熟幼虫休眠越冬为主，且越冬死亡率较低。

【侵入途径与危害症状】　菇蚊的卵、幼虫、蛹主要随培养料侵入，成虫则直接飞入培养场所产卵繁殖。成虫虽然对生产不直接造成危害，但能携带病原菌。幼虫若较早地随培养料侵入，则以取食培养料和菌丝为主，从而影响菌种定植蔓延，造成发菌困难。轻度危害时，因虫体小，隐蔽性较大，往往不易发现。严重时菌丝被吃尽，培养料变松、下陷，呈碎渣状。

【防治措施】

(1) 合理选用栽培季节与场地　选择不利于菇蚊生活的季节和场地栽培。在菇蚊多发地区，把出菇期与菇蚊的活动盛期错开，同时选择清洁干燥、向阳的栽培场所。

(2) 多品种轮作，切断菇蚊食源　在菇蚊高发期的 10～12 月和 3～6 月，选用菇蚊不喜欢取食的菇类栽培出菇，如选用香菇、鲍鱼菇、猴头菇等，用此方法栽培两个季节，可使该区内的虫源减少或消失。

(3) 重视培养料的前处理工作，减少发菌期菌蚊繁殖量　对于生料栽培的蘑菇、平菇等易感菇蚊的品种，应对培养料和覆土进行药剂处理，做到无虫发菌，少虫出菇，轻打农药或不打农药。

(4) 药剂控制，对症下药　在出菇期密切观察料中虫害发生动态，当发现袋口或料面有少量菇蚊成虫活动时，结合出菇情况及时用药，消灭外来虫源或菇房内始发虫源，则能消除整个季节的多菌蚊虫害。在喷药前将能采摘的菇体全部采收，并停止浇水 1 天。如果遇成虫羽化期，要多次用药，直到羽化期结束，选择击倒力强的药剂，如菇净、锐劲特等低毒农药，用量为 500～1000 倍液，整个菇场要喷透、喷匀。

≫≫ 三、瘿　蚊 ≪≪

瘿蚊又名瘿蝇、小红虫、红蛆等，是严重危害食用菌的害虫，属于节肢动物门、双翅目，常见的种类有嗜菇瘿蚊、施氏嗜菌蚊和异足瘿蚊。

【形态识别】　成虫头尖体小，头和胸黑色，腹部和足浅黄色，体长不超过 2.5 毫米，复眼大而凸出，触角呈念珠状，16～18 节，每节周围环生放射状细毛（图 6-27）。卵呈椭圆形，初为乳白色，后变为浅黄色。幼虫蛆状，无足，长条形或纺锤形；初孵幼虫为白色，体长 0.25～0.3 毫米，老熟幼虫为橘红色或浅黄色，体长 2.3～2.5 毫米，体分 13 节；头尖，不骨质化，口器很不发达，化蛹前中胸腹面有一弹跳器官——"胸叉"（图 6-28）。蛹半透明，头顶有 2 根刚毛，后端腹部橘红色或浅黄色（图 6-29）。

图 6-27　瘿蚊成虫

图 6-28　瘿蚊幼虫

图 6-29　瘿蚊蛹

【发生规律】　瘿蚊 1 年发生多代。成虫喜黑暗阴湿的环境，对灯光的趋性不强，羽化时间多在午后 16：00 ~18：00 时，羽化 2 ~3 小时后便交尾产卵；在 18 ~22℃，相对湿度 75% ~80% 条件下，卵期为 4 天左右；孵化后幼虫经 10 ~16 天生长发育，钻入培养料内或土壤缝隙中化蛹；蛹期 6 ~7 天；有性生殖 1 代周期需 29 ~31 天。

瘿蚊繁殖能力极强，除正常的两性生殖（即卵生）之外，常见的幼虫大多是经幼体生殖（又叫童体生殖）繁殖而来。幼体生殖似同胎生，即直接由成熟幼虫（母蛆）体内孕育出次代幼虫（子蛆）。这种特殊的繁殖方式，在没有成虫交尾产卵繁殖的情况下，可使幼虫数量在短期内成倍递增，是瘿蚊幼虫突然暴发危害的重要原因。通常 1 条成熟幼虫可胎生 7 ~28 条子幼虫。子幼虫较卵生幼虫大，经 10 天左右生长发育，又能孕育 1 代。

瘿蚊抵抗不良环境能力强，能耐低温和较高的温度，不怕水湿。在 8 ~37℃，培养料含水量为 70% ~80%，食料充足的条件下，其幼体生殖可连续进行。当温度高于37℃或低于7℃，或培养料含水量降至64%以下，幼虫繁殖受阻。培养料干燥时，小幼虫多数停食后死亡，成熟幼虫则弹跳转移，部分化蛹经羽化为成虫后再迁飞活动（图6-30），另一部分则以休眠体状态藏匿在土缝中或废弃的培养料内，以抵御干旱和缺食，其生存期可达9个月，待环境条件适宜时，能再度恢复虫体，繁殖危害。幼虫不耐温，50℃时便死亡。

图6-30 瘿蚊成虫迁飞

【侵入途径与危害症状】 瘿蚊成虫可直接飞入防范不严的培养室，其卵、蛹、幼虫及休眠体主要通过培养料带入。成虫不直接危害，但能成为病原菌、螨类等病虫的传播媒介。

瘿蚊以幼虫危害为主，其个体小，肉眼较难看清，当幼虫大量繁殖群聚抱成球状，或成团成堆，呈橘红色番茄酱样出现在培养料上时，才很明显。幼龄幼虫主要取食菌丝，取食时先用头部去捣烂菌丝，再食其汁液，受害菌丝断裂衰退后，变色或腐烂（图6-31）。

图6-31 瘿蚊幼虫为害

【防治措施】

(1) 场地选择　生产场地必须选择地势干燥、近水源且清洁之处。

(2) 及时清污消毒　要及时清除废料和脏物、腐败物；生产场地应定期喷洒消毒杀虫剂，如敌敌畏等。出菇房安装纱门纱窗，配合使用黄色粘蝇板可以有效阻挡虫源入内，要设法控制外界成虫进入菇场。

(3) 菌袋接种后封口宜用套环封口　封口纸应用双层报纸，搬运过程中应防止封口纸脱落，并注意轻拿轻放以免袋破口，若发现菌袋有破口或刺孔应立即用粘胶带贴住，以免害虫在破口处产卵为害。

(4) 控制菇房温湿度　切实做好菇房的通风透气，调节食用菌生长适宜的温度和湿度，预防房内温度升高、湿度偏大。

(5) 药剂防治　在虫害发生时用甲醛、敌敌畏 1:1 混合液 10 毫升/米³熏蒸，或用 50% 辛硫磷乳剂 1:(800~1000) 倍液喷雾。

》》》 四、线　虫 《《《

【为害情况】　为害食用菌的线虫有多种，其中滑刃线虫以刺吸菌丝体造成菌丝衰败，垫刃线虫在培养料中较少，但在覆土层中较普遍。蘑菇受线虫侵害后，菌丝体变得稀疏，培养料下沉、变黑、发黏发臭，菌丝消失而不出菇，幼菇受害后萎缩死亡。香菇脱袋后在转色期间受害，菌筒产生"退菌"现象，最后菌筒松散而报废。

线虫数量庞大，每克培养料的密度可达 200 条以上，其排泄物是多种腐生细菌的营养。这样使得被线虫为害过的基质腐烂，散发出一种腥臭味。由于虫体微小，肉眼无法观察到，常被误认为是杂菌为害或高温烧菌所致。减产程度取决于线虫最初侵染的时间和程度，如果发生早、线虫数量多，则足以毁掉全部菌丝，使栽培完全失败。而后，细菌的作用使受侵染的培养料发黑而又潮湿（图 6-32）。但在接近出菇末期的后期侵染，只会造成少量减产，而菇农可能不会引起注意。

【形态识别】　线虫白色透明、圆筒形或线形（图 6-33），是营寄生或腐生生活的一类微小的低等动物，属无脊椎的线形动物门、线虫纲。国内已报道的有 15 种，其中常见的有 6 种，尤以居肥滑刃线虫、噬菌丝茎线虫与菌丝腐败拟滑刃线虫危害为重。

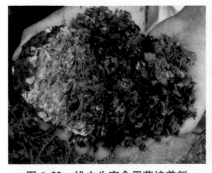
图6-32 线虫为害食用菌培养料

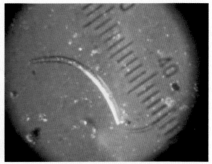
图6-33 食用菌线虫

【侵染途径】 线虫在潮湿透气的土壤、厩肥、秸秆、污水里随处可见，其生存能力强，能借助多种媒介和不同途径进入菇房。1条成熟的雌虫能产卵1500~3000粒，数周内增殖10万倍。低温下线虫不活泼或不活动，干旱或环境不利时，呈假死状态，能休眠潜伏几年。线虫不耐高温，45℃下5分钟，即死亡。

【防治措施】

(1) 湿度管理 适当降低培养料内的水分和栽培场所的空气湿度，恶化线虫的生活环境，减少线虫的繁殖量，也是减少线虫为害的有效方法。

(2) 强化培养料和覆土材料的处理 尽量采用二次发酵，利用高温进一步杀死料土中的线虫。

(3) 使用清洁水浇菇 流动的河水、井水较为干净，而池塘死水含有大量的虫卵，常导致线虫泛滥为害。

(4) 药剂防治 菇净或阿维菌素中含有杀线虫的有效成分，按1000倍液喷施能有效地杀死料中和菇体上的线虫。

(5) 采用轮作 如菇稻轮作、菇菜轮作、轮换菇场等方式，都可减少线虫的发生和危害程度。

▶▶▶ 五、常见虫害的综合防治 ◀◀◀

1）虫害防控采取以净化栽培环境、预防为主的综合防治措施。

2）目前虫害的综合防治可采用"两网一板一灯一缓冲"的方式进行防治（图6-34）。"两网"指防虫网、遮阳网，"一板"指诱虫板（一般指黄板）诱杀，"一灯"指黑光灯诱杀，一缓冲指菇房设置缓冲间。

图6-34　食用菌害虫综合防治

📢 【提示】　菇房通风孔应全部使用 60 目（孔径约为 250 微米）以上的防虫网，以防外部害虫侵入菇房。

第三节　食用菌病虫害的综合防治

食用菌病虫害的综合防治工作应遵循"预防为主，综合防治"的方针。综合防治就是要把农业防治、物理防治、化学防治、生物防治等多种有效可行的防治措施配合应用，组成一个有计划的、全面的、有效的防治体系，将病虫害控制在最小的范围内和最低的水平下。基本的综合防治措施如下。

一、生产环境卫生综合治理

食用菌生产场所的选择和设计要科学合理，菇棚应远离仓库、饲养场等污染源和虫源；栽培场所内外环境要保持卫生，无杂草和各种废物。培养室和出菇场所要采取在门窗处安装纱网的方式，防止菇蝇飞入。菇场在日常管理中如果有污染物出现，要及时科学处理等。

📢 【提示】　操作人员进入菇房尤其是从染病区进入非病区时，要更换工作服并用来苏儿洗手。菇房进口处最好设一有漂白粉的消毒池，进入时要先消毒。

▶▶ 二、生态防治 ◀◀

栽培者要根据食用菌具体品种的生物学特性，选好栽培季节，做好菇事安排，在菌丝体和子实体生长的各个阶段，努力创造其最佳的生长条件与环境，在栽培管理中采用符合其生理特性的方法，促进健壮生长，提高抵抗病虫害的能力。此外，选用抗逆性强、生命力旺盛、栽培性状和温型符合意愿的品种；使用优质、适龄菌种；选用合理栽培配方；改善栽培场所环境，创造有利于食用菌生长而不利于病虫害发生的环境，都是有效的生态防治措施。

▶▶ 三、物理防治 ◀◀

利用不同病虫害各自的生物学特性和生活习性，采用物理的、非化学（农药）的防治措施，是一项比较安全有效和使用广泛的方法。如利用某些害虫的趋光性，在夜间用灯光诱杀；利用某些害虫对某些食物、气味的特殊嗜好，可进行毒饵诱杀；链孢霉在高温高湿的环境下易发生，把栽培环境湿度控制在70%、温度在20℃以下，链孢霉就会迅速受到抑制，而食用菌的生长几乎不受影响。在生产中用得比较多的有热力灭菌（蒸汽、干热、火焰、巴氏）、辐射灭菌（日光灯、紫外线灯）、过滤灭菌；设障阻隔，防止病虫的侵入和传播；出菇阶段用日光灯、黑光灯、电子杀虫灯、诱虫粘板诱杀，消灭具有趋光性的害虫；日光曝晒覆土材料、菇房内的床架，以及生料培养料等，经过曝晒起到消毒灭虫的作用，如储藏的陈旧培养料在栽培之前经强日光曝晒1~2天，可杀死杂菌营养体、害虫及卵，然后再利用高压蒸汽灭菌，基本上可以将料中的杂菌和害虫杀死；人工捕捉害虫或切除病患处；对双孢菇或其他菌种，经过一定时间的低温处理，能有效地杀死螨类等。此外，防虫网、臭氧发生器等都是常用的物理方法。

▶▶ 四、生物防治 ◀◀

利用某些有益生物，杀死或抑制害虫或病菌，从而保护食用菌正常生长的一种防治方法，即"以虫治虫、以菌治虫、以菌治菌"等。其优点是，有益生物对防治对象有很高的选择性，对人、畜安全，不污染环境，无副作用，能较长时间地抑制病虫害。生物防治的主要作用类型有以下几种。

（1）捕食作用 有些动物或昆虫以某种害虫为食物，通常将前者称作后者的天敌、如蜘蛛捕食菇蚊、蝇，捕食螨是一种线虫的天敌等。

（2）寄生作用 寄生是指一种生物以另一种生物（寄主）为食物来源，它能破坏寄主组织，并从中吸收养分。如苏云金芽胞杆菌和环形芽胞杆菌对蚊类有较高的致病能力，其作用相当于胃毒化学杀虫剂。目前，常见的细菌农药有苏云金杆菌（防治螨类、蝇蚊、线虫）、青虫菌等；真菌农药有白僵菌、绿僵菌等。

（3）拮抗作用 由于不同微生物间的相互制约、彼此抵抗而出现微生物间相互抑制生长繁殖的现象，称作拮抗作用。在食用菌生产中，选用抗霉力、抗逆性强的优良菌株，就是利用拮抗作用的例子。

（4）占领作用 绝大多数杂菌很容易侵染未接种的培养基。相反，当食用菌菌丝体遍布料面，甚至完全"吃料"后，杂菌就很难发生。因此，在生产中常采用加大接种量、选用合理的播种方法，让菌种尽快占领培养料，以达到减少污染的目的。

另外，植物源农药如苦参碱、印棟素、烟碱、鱼藤酮、除虫菊素、苗蒿素和茶皂素等对许多食用菌害虫有理想的防效。

五、化学农药防治

在其他防治病虫害措施失败后，最后可用化学农药，但尽量少用，尤其是剧毒农药，大多数食用菌也是真菌，使用农药也容易造成食用菌药害。其次是食用菌子实体形成阶段时间短，在这个时期使用农药，未分解的农药易残留在菇体内，食用时会损害人体健康，食用菌栽培中发生病害时，要选用高效、低毒、残效期短的杀菌剂；在出菇期发生虫害时，应首先将菇床上的食用菌全部采收，然后选用一些残效期短，对人畜安全的植物性杀虫剂。

1. 常用杀菌剂

（1）多菌灵 化学性质稳定，为传统高效、低毒、内吸性杀菌剂，杀菌谱广，残效长。产品有10%、25%、50%可湿性粉剂，对青霉、曲霉、木霉、双孢蘑菇粉孢霉和疣孢霉菌、褐斑病有良好的防治效果。拌料、床面或覆土表面灭菌常用50%的多菌灵可湿性粉剂800倍液。

（2）代森锌 保护性杀菌剂，对人畜安全，产品为65%、80%可湿性粉剂，可用于拌料和防治疣孢霉病、褐斑病等，一般用 65% 可湿性粉剂 500 倍液，能与杀虫剂混用。

（3）**甲基托布津**　广谱、内吸性杀菌剂，兼有保护和治疗作用，甲基托布津在菌体内转变成多菌灵起作用，对人畜低毒，不产生药害。产品有 50%、70% 可湿性粉剂，可防治多种真菌性病害，对棉絮状霉菌的防治作用良好，在发病初期，用 50% 可湿性粉剂 800 倍液喷洒。

（4）**百菌清**　对人畜毒性低，有保护治疗作用，药效稳定。产品为 75% 可湿性粉剂，用 0.15% 百菌清药液可防治轮枝孢霉等真菌性病害。

（5）**菇丰**　食用菌专用消毒杀菌剂，可用于多种木腐菌类的生料和发酵料拌料，使用 1000 ~ 1500 倍，有效抑制竞争性杂菌，如木霉、根霉、曲霉等的萌发和生长速度，不影响正常的菌丝生长和出菇。能有效防治菇体生长期的致病菌，如疣孢霉菌、干泡病、褐斑病等细菌、真菌和酵母菌类的病害。使用 500 ~ 1000 倍，间隔 3 ~ 4 天，连续喷施 2 ~ 3 次，有效减轻病症，使新长出的菇体不受病菌侵染正常生长。土壤处理用 1500 ~ 2000 倍，能有效杀灭土壤中的病原菌。

（6）**咪鲜胺锰盐**　对侵染性病害、霉菌效果好，无菇期喷洒覆土层、出菇面或处理土壤、菌袋杂菌，用量为 50% 可湿性粉剂 1000 倍液或 0.5 克/米^2。

（7）**噻菌灵**　对病原真菌、细菌有良好效果，用于拌料、喷土壤或喷洒地面环境，用量为 500 克/升悬浮剂 1000 倍液。

（8）**甲醛**（福尔马林）　无色气体，商品"福尔马林"即 37% ~ 40% 的甲醛溶液，为无色或浅黄色液体，有腐蚀性，储存过久常产生白色胶状或絮状沉淀，可防治细菌、真菌和线虫。常用于菇房和无菌室熏蒸灭菌，每立方米空间用 10 毫升；处理双孢蘑菇覆土，每立方米用 5% 甲醛溶液 250 ~ 500 毫升；与等量酒精混合，用于处理袋栽发菌期的霉菌污染。

（9）**硫酸铜**　俗称胆矾或蓝矾，蓝色结晶，可溶于水，杀菌能力强，在很低浓度下即能抑制多种真菌孢子的萌发。栽培前，用 0.5% ~ 1% 水溶液进行菇房和床架消毒。因单独使用有毒害，故多用于配制波尔多液或其他药剂。如用 11 份硫酸铵与 1 份硫酸铜的混合液，在菇床覆土层或发病初期使用。

（10） 波尔多液 保护性杀菌剂，用生石灰、硫酸铜、水按 1：1：200 的比例配制而成，是一种天蓝色黏稠状悬浮液。其杀菌的主要成分是碱式硫酸铜，释放出的铜离子可使病菌蛋白质凝固，可防治多种杂菌和病害，对曲霉、青霉、棉絮状霉菌有很好的防治效果。也可用于培养料、覆土和菇房床架消毒，能在床架表面形成一道药膜，防止生霉。其配制方法为：在缸内放硫酸铜 1 千克，加水 180 千克溶化，在另一缸内放生石灰 1 千克，加水 20 千克，配成石灰乳。然后将硫酸铜溶液倒入石灰乳中，并不断搅拌即成。

（11） 硫黄 有杀虫、杀螨和杀菌作用，常用于熏蒸消毒，每立方米空间用量为 7 克，高温高湿可提高熏蒸效果。硫黄对人毒性极小，但硫黄燃烧所产生二氧化硫气体对人体极毒，在熏蒸菇房时要注意安全。

（12） 石硫合剂 为石灰、硫黄和水熬煮而成的保护性杀菌剂，原液为红褐色透明液体，有臭鸡蛋气味，化学成分不稳定，长期储存应放在密闭容器中。其有效成分为多硫化钙，杀菌作用比硫黄强得多；其制剂呈碱性反应，有腐蚀昆虫表面蜡质的作用，故可杀甲壳虫、卵等蜡质较厚的害虫和螨。配制石硫合剂原料的比例是石灰 1 千克、硫黄 2 千克、水 10 千克。把石灰用水化开，加水煮沸，然后把硫黄调成糊状，慢慢加入石灰乳中。同时迅速搅拌，继续煮 40～60 分钟，随时补足损失水分，待药液呈红褐色时停火、冷却后过滤即成。原液可达 20～24 波美度，用水稀释到 5 波美度使用，通常用于菇房表面消毒。

（13） 石炭酸 常用杀菌剂，多与肥皂混合为乳状液，商品名称为煤酚皂液（来苏儿），能提高杀菌能力。在有氯化钠存在时效力增大，与酒精作用会使效力大减。对菌体细胞有损害作用，能使蛋白质变性或沉淀，1% 的含量可杀死菌体，5% 则可杀死芽孢，常用于消毒和喷雾杀菌。

（14） 漂白粉 白色粉状物，能溶于水，呈碱性。其有效成分为漂白粉中所含的有效氯，通常含量在 30% 左右，加水稀释成 0.5%～1%，用于菇房喷雾消毒。3%～4% 用于浸泡床架材料和接种室消毒，可杀死细菌、病毒、线虫，并可用于退菌的防治。

（15） 生石灰 用 5%～20% 石灰水喷洒或撒粉，可防治霉菌。

2. 常用杀虫剂

（1） 敌敌畏 有很强的触杀和熏蒸作用，兼有胃毒作用。害虫吸收汽化的敌敌畏后，数分钟便中毒死亡，在害虫大量发生时，可很快把虫口密度压下去。敌敌畏无内吸作用，残效期短，无不良气味，被普遍用于食用菌的害虫防治，对菇蝇类成虫和幼虫有特效，对螨类及潮虫防治效果也佳，制剂有 50% 和 80% 乳油。在气温高时使用效果更好，在出菇期应避免使用，以免产生药害和毒性污染。

（2）敌百虫　白色蜡状固体，能溶于水，在碱溶液中脱氯化氢变成"敌敌畏"，进一步分解失效。敌百虫有很强的胃毒作用，兼有触杀作用，本身无熏蒸作用，但因部分转化为敌敌畏，故有一定的熏蒸作用。残效期比敌敌畏长，但毒性小，商品有敌百虫原药、80% 可湿性粉剂、50% 乳油等多种剂型，稀释成 500～1000 倍液使用，对菇蝇等类害虫的防治效果较好，对螨类的防治效果较差。

（3）辛硫磷　低毒有机磷杀虫剂。工业品为黄棕色油状液体，难溶于水，易溶于有机溶剂，遇碱易分解，对人畜毒性低，产品有 50% 乳剂，稀释成 1000～1500 倍液使用，防治菌蛆、螨类和跳虫的效果较好。

（4）菇净　由杀虫杀螨剂复配而成的高效低毒杀虫、杀螨和杀线虫药剂，对成虫击倒力强，对螨虫的成螨和若螨都有快速致死作用。对食用菌中的夜蛾、菇蚊、蚤蝇、跳虫、食丝谷蛾、白蚁等虫害都有明显的效果，可用于拌料、拌土处理，用量为 1000～2000 倍。浸泡菌袋用量为 2000 倍左右，菇床杀成虫喷雾用量为 1000 倍，杀幼虫用量为 2000 倍左右。

（5）吡虫啉　内吸传导性杀虫剂，对幼虫有效果，但对成虫无效果，使用剂型为 5% 乳油，用量为 1000 倍左右。

（6）克螨特　触杀和胃毒型杀螨剂，对若螨和成螨有特效。30% 可湿性粉剂使用倍数为 1000 倍或 73% 乳油 3000 倍液。

（7）锐劲特　对菌蛆等双翅目及鳞翅目害虫等防治效果优良，处理土壤、避菇使用或无菇期针对目标喷雾，可使用 50 克/升悬浮剂 2000～2500 倍液。

（8）高效氟氯氰菊酯　为广谱杀虫剂，对菌蛆及其成虫、跳虫、潮虫等有强烈的触杀和胃毒作用，对人畜毒性低。产品为 2.5% 乳油，使用量为 2000～3000 倍液，在发菌、覆土期均可使用，喷洒菇棚或无菇期针对目标喷雾，在碱性介质中易分解。

（9）鱼藤精　鱼藤为豆科藤本植物，根部有毒，其中有效成分主要是鱼藤酮，一般含量为4%~6%，提取物为棕红色固体块状物，易氧化，对害虫有触杀和胃毒作用，还有一定的驱避作用，杀虫作用缓慢，但效力持久，对人畜毒性低，但对鱼毒性大。产品有含鱼藤酮2.5%、5%、7%的乳油和含鱼藤酮4%的鱼藤粉，加水配成0.1%（鱼藤酮含量）使用，可防治菇蝇和跳虫等。用鱼藤精500克加中性肥皂250克、水100千克，可防治甲壳虫、米象等。

（10）甲氨基阿维菌素苯甲酸盐　对菇螨、跳虫等防效优良，喷洒菇棚或无菇期针对目标喷雾，用量为1%乳油4000~5000倍液。

（11）食盐　用5%的食盐溶液，可防治蜗牛、蛞蝓等。

▶▶▶ 六、食用菌病虫害防治注意事项 ◀◀◀

目前，食用菌广泛使用的多种农药都未做过食用菌食品安全的相关分析，使用方法和估计的残留期都仅是以蔬菜为参考，然而食用菌与绿色植物的生理代谢不同，有关基础研究十分缺乏，对此需引起我们高度重视。

1）食用菌的病虫害防治应特别强调"预防为主，综合防治"的植保方针，坚持"以农业防治、生态防治、物理防治、生物防治为主，化学防治为辅"的治理原则。应以规范栽培管理技术预防为主，采取综合防控措施，确保食用菌产品的安全、优质。

2）按照《中华人民共和国农药管理条例》，剧毒和高毒农药不得在蔬菜生产中使用，食用菌作为蔬菜的一类也应完全参照执行，禁止使用剧毒、高毒、高残留或具"三致"毒性（致癌、致畸、致突变）、有异味异色污染及重金属制剂、杀鼠剂等化学农药。

3）不得在食用菌上使用国家明令禁止生产使用的农药种类；不得使用非农用抗生素。

4）有限度地使用高效、低毒、低残留化学农药或生物农药，要求不得在培养基质中和直接在子实体及菌丝体上随意使用化学农药及激素类物质，尤其是在出菇期间，要求于无菇时或避菇使用，并避开菌料以喷洒地面环境或菌畦覆土为主，最后一次喷药至采菇间隔时间应超过该药剂的安全间隔期。

5）控制农药施用量和用药次数。在食用菌栽培的不同阶段，针对不同防治目的和对象，其用药种类、方法、浓度、剂量等，应遵守农药说明书的使用说明，不得随意、频繁、超量及盲目施药防治。出菇期间的用药剂量、浓度应低于栽培前或发菌阶段的正常用药量。配药时应使用标准称量器具，如量筒、量杯、天平、小秤等。

6）交替轮换用药，减缓病菌、害虫抗药性的产生，正确复配、混用，避免长期使用单一农药品种。采用生物制剂与化学农药合理搭配，降低化学农药的用量，防止发生药害。

7）选择科学的施药方式，使用合适的施药器具。常用的防治方法有喷雾法、撒施法、菌棒浸蘸法、涂抹法、注射法、擦洗法、毒饵法、熏蒸法和土壤处理法等，应根据食用菌病虫危害特点有针对性地选择。

第七章
食用菌高效栽培实例

>>> 一、平菇高效栽培实例 <<<

1. 平菇生产园区概况

该平菇生产园区的主干道两侧栽植悬铃木（法国梧桐，见图7-1），两侧布置菇房，菇房间同样栽植悬铃木。

图7-1　园区主干道两侧栽植悬铃木

【提示】　菇房间的悬铃木，夏季可以遮阴降温（图7-2），冬季树木落叶后也不遮挡阳光，拉起草苫后菇房内可增温（图7-3）。4~5年后树木可成材，其资金可冲抵土地承包金额，也可用于菇房改造升级（图7-4）。

图7-2　夏季菇房间的悬铃木

图 7-3　冬季菇房间的悬铃木　　　图 7-4　菇房改造升级成钢架结构

2. 栽培原料

平菇栽培的原料主要有玉米芯（粉碎，见图 7-5）、木糖渣（图 7-6）、麦麸、豆粉、石灰等。

图 7-5　粉碎的玉米芯　　　　　　图 7-6　木糖渣

3. 平菇高效栽培流程

平菇品种有低温型、高温型和广温型，一年四季均可栽培。平菇栽培主要包括装袋（图 7-7）、灭菌（图 7-8、图 7-9）、接种（图 7-10）、发菌（图 7-11）、出菇（图 7-12）。

图 7-7　平菇装袋　　　　　　　　图 7-8　平菇灭菌

图 7-9 新型环保节能灭菌设备

图 7-10 平菇接种

图 7-11 平菇发菌

图 7-12 平菇出菇

二、棉柴栽培双孢蘑菇实例

1. 棉柴加工

棉柴加工的时间以 12 月为宜，因这时棉柴比较潮湿，内部含水量约 40%，加工的棉柴合格率可达 98% 以上。

干燥加工时会有大量粉尘、颗粒出现，需要喷湿后再加工（图 7-13）。

2. 栽培季节

6～7 月上旬备料，7 月中旬建堆发酵，8 月中旬铺料发菌，9 月上旬覆土，9 月中旬开

图 7-13 棉柴加工

始出菇，到第二年6月中旬结束，这样可以保证在早秋和晚春2个季节出菇。

3. 原料预湿

棉柴因组织致密、吸水慢和吃水量小的原因，预湿是必要的。水分过小极易发生"烧堆"。预湿方法：挖一沟槽，内衬塑料薄膜，然后往沟里放水，添加水量1%的石灰。把棉柴放入沟内水中，并不断拍打，浸泡1~2小时，待吸足水后捞出。检查棉柴吃透水的方法是抽出几根长棉柴用手掰断，以无白心为宜。

4. 发酵

采用堆制发酵方法（图7-14）。

【提示】 由于棉柴吸水慢，吃水量小，蒸发散失水分快。因此，借翻堆的机会补水是保证棉柴发酵优良的重要措施。缺水的表现为白点层过密、过深，甚至达到料堆的底部，棉柴色浅（图7-15）。前两次补水，每次补水补到有少量水淌出为止。第三次翻堆在第二次翻堆4天后进行，加入石灰粉使料的pH达7.5。第三次翻堆4天后进行第四次翻堆，第四次翻堆3天后进行第五次翻堆。此时料堆宽、高不变，但长度缩短。料堆的表面积减少，不再补充水分。

图7-14 堆制发酵法

图7-15 翻堆

5. 高效栽培技术

棉柴栽培双孢蘑菇可在大棚、林地、菇房等场所栽培。双孢蘑菇栽培包括建畦（图7-16）、铺料（图7-17）、播种（图7-18~图7-20）、发菌（图7-21）、覆土（图7-22）、出菇（图7-23）等环节。

图 7-16 建畦

图 7-17 铺料

图 7-18 菌种处理

图 7-19 播种（一）

图 7-20 播种（二）

图 7-21 发菌

【提示】 当料温稳定在 27℃左右、外界气温在 30℃以下时，就可以进行播种。

图7-22 覆土

图7-23 出菇

附 录

食用菌生产常用原料及环境控制对照表

附表1　农作物秸秆及副产品化学成分（%）

常用原料		水分	粗蛋白质	粗脂肪	粗纤维（含木质素）	无氮浸出物（可溶性碳水化合物）	粗灰分
秸秆类	稻草	13.4	1.8	1.5	28.0	42.9	12.4
	小麦秆	10.0	3.1	1.3	32.6	43.9	9.1
	大麦秆	12.9	6.4	1.6	33.4	37.8	7.9
	玉米秆	11.2	3.5	0.8	33.4	42.7	8.4
	高粱秆	10.2	3.2	0.5	33.0	48.5	4.6
	黄豆秆	14.1	9.2	1.7	36.4	34.2	4.4
	棉秆	12.6	4.9	0.7	41.4	36.6	3.8
	棉铃壳	13.6	5.0	1.5	34.5	39.5	5.9
	甘薯藤（鲜）	89.8	1.2	0.1	1.4	7.4	0.2
	花生藤	11.6	6.6	1.2	33.2	41.3	6.1
副产品类	稻壳	6.8	2.0	0.6	45.3	28.5	16.9
	统糠	13.4	2.2	2.8	29.9	38.0	13.7
	细米糠	9.0	9.4	15.0	11.0	46.0	9.6
	麦麸	12.1	13.5	3.8	10.4	55.4	4.8
	玉米芯	8.7	2.0	0.7	28.2	58.4	20.0
	花生壳	10.1	7.7	5.9	59.9	10.4	6.0
	玉米糠	10.7	8.9	4.2	1.7	72.6	1.9
	高粱康	13.5	10.2	13.4	5.2	50.0	7.7
	豆饼	12.1	35.9	6.9	4.6	34.9	5.1
	豆渣	7.4	27.7	10.1	15.3	36.3	3.2

（续）

常用原料		水分	粗蛋白质	粗脂肪	粗纤维（含木质素）	无氮浸出物（可溶性碳水化合物）	粗灰分
副产品类	菜饼	4.6	38.1	11.4	10.1	29.9	5.9
	芝麻饼	7.8	39.4	5.1	10.0	28.6	9.1
	酒糟	16.7	27.4	2.3	9.2	40.0	4.4
	淀粉渣	10.3	11.5	0.71	27.3	47.3	2.9
	蚕豆壳	8.6	18.5	1.1	26.5	43.2	3.1
	废棉	12.5	7.9	1.6	38.5	30.9	8.6
	棉仁粕	10.8	32.6	0.6	13.6	36.9	5.6
	花生饼	—	43.7	5.7	3.7	30.9	—
谷类、薯类	稻谷	13.0	9.1	2.4	8.9	61.3	5.4
	大麦	14.5	10.0	1.9	4.0	67.1	2.5
	小麦	13.5	10.7	2.2	2.8	68.9	1.9
	黄豆	12.4	36.6	14.0	3.9	28.9	4.2
	玉米	12.2	9.6	5.6	1.5	69.7	1.0
	高粱	12.5	8.7	3.5	4.5	67.6	3.2
	小米	13.3	9.8	4.3	8.5	61.9	2.2
	马铃薯	75.0	2.1	0.1	0.7	21.0	1.1
	甘薯	9.8	4.3	0.7	2.2	80.7	2.3
其他	血粉	14.3	80.4	0.1	0	1.4	3.8
	鱼粉	9.8	62.6	5.3	0	2.7	19.6
	蚕粪	10.8	13.0	2.1	10.1	53.7	10.3
	槐树叶粉	11.7	18.4	2.6	9.5	42.5	10.1
	松针粉	16.7	9.4	5.0	29.0	37.4	2.5
	木屑	—	1.5	1.1	71.2	25.4	—
	蚯蚓粉	12.7	59.5	3.3	—	7.0	17.6
	芦苇	—	7.3	1.2	24.0		12.2
	棉籽壳	—	4.1	2.9	69.0	2.2	11.4
	蔗渣		1.4		18.1		2.04

附表2 农副产品主要矿质元素含量

种类	钙（%）	磷（%）	钾（%）	钠（%）	镁（%）	铁（%）	锌（%）	铜/（毫克/千克）	锰/（毫克/千克）
稻草	0.283	0.075	0.154	0.128	0.028	0.026	0.002	—	25.8
稻壳	0.080	0.074	0.321	0.088	0.021	0.004	0.071	1.6	42.4
米糠	0.105	1.920	0.346	0.016	0.264	0.040	0.016	3.4	85.2
麦麸	0.066	0.840	0.497	0.099	0.295	0.026	0.056	8.6	60.0
黄豆秆	0.915	0.210	0.482	0.048	0.212	0.067	0.048	7.2	29.2
豆饼粉	0.290	0.470	1.613	0.014	0.144	0.020	0.012	24.2	28.0
芝麻饼	0.722	1.070	0.723	0.099	0.331	0.066	0.024	54.2	32.0
蚕豆麸	0.190	0.260	0.488	0.048	0.146	0.065	0.038	2.7	12.0
豆腐渣	0.460	0.320	0.320	0.120	0.079	0.025	0.010	9.5	17.2
酱渣	0.550	0.125	0.290	1.000	0.110	0.037	0.023	44.0	12.4
淀粉渣	0.144	0.069	0.042	0.012	0.033	0.016	0.010	8.0	—
稻谷	0.770	0.305	0.397	0.022	0.055	0.055	0.044	21.3	23.6
小麦	0.040	0.320	0.277	0.006	0.072	0.008	0.009	8.3	11.2
大麦	0.106	0.320	0.362	0.031	0.042	0.007	0.011	5.4	18.0
玉米	0.049	0.290	0.503	0.037	0.065	0.005	0.014	2.5	—
高粱	0.136	0.230	0.560	0.079	0.018	0.010	0.004	413.7	10.2
小米	0.078	0.270	0.391	0.065	0.073	0.007	0.011	195.4	15.6
甘薯	0.078	0.086	0.195	0.232	0.038	0.048	0.016	4.7	19.1

附表3 牲畜粪的化学成分（%）

类别		水分	有机质	矿物质	氮（N）	磷（P_2O_5）	钾（K_2O）
干粪	猪粪	—	82	—	3 ~ 4	2.7 ~ 4	2 ~ 3.3
	黄牛粪	—	90		1.62	0.7	2.1
	马粪	—	84		1.6 ~ 2	0.8 ~ 1.2	1.4 ~ 1.8
	牛粪	—	73		1.65 ~ 2.48	0.85 ~ 1.38	0.25 ~ 1

（续）

类　别		水分	有机质	矿物质	氮（N）	磷（P₂O₅）	钾（K₂O）
鲜粪	马粪	76.5	21	3.9	0.47	0.3	0.3
	黄牛粪	82.4	15.2	3.6	0.30	0.18	0.18
	水牛粪	81.1	12.7	5.3	0.26	0.18	0.17
	猪粪	80.7	17	3	0.59	0.46	0.43
	家禽粪	57	29.3	—	1.46	1.17	0.62
尿	马尿	89.6	8	8	1.29	0.01	1.39
	黄牛尿	92.6	4.8	2.1	1.22	0.01	1.35
	水牛尿	81.6	—	—	0.62	极少	1.6
	猪尿	96.6	1.5	1	0.38	0.1	0.99

附表4　各种培养料的碳氮比（C/N）

种　类	碳（%）	氮（%）	碳∶氮
木屑	49.18	0.10	491.80
栎落叶	49.00	2.00	24.50
稻草	45.39	0.63	72.30
大麦秆	47.09	0.64	73.58
玉米秆	46.69	0.53	88.09
小麦秆	47.03	0.48	98.00
棉籽壳	56.00	2.03	27.59
稻壳	41.64	0.64	65.00
甘蔗渣	53.07	0.63	84.24
甜菜渣	56.50	1.70	33.24
麸皮	44.74	2.20	20.34
玉米粉	5292	2.28	23.21
米糠	41.20	2.08	19.81
啤酒糟	47.70	6.00	7.95
高粱酒糟	37.12	3.94	9.42
豆腐渣	9.45	7.16	1.32
马粪	11.60	0.55	21.09
猪粪	25.00	0.56	44.64

（续）

种 类	碳（%）	氮（%）	碳∶氮
黄牛粪	38.60	1.78	21.70
水牛粪	39.78	1.27	31.30
奶牛粪	31.79	1.33	24.00
羊粪	16.24	0.65	24.98
兔粪	13.70	2.10	6.52
鸡粪	14.79	1.65	8.96
鸭粪	15.20	1.10	13.82
纺织屑	59.00	2.32	22.00
沼气肥	22.00	0.70	31.43
花生饼	49.04	6.32	7.76
大豆饼	47.46	7.00	6.78

附表5 蘑菇堆肥材料配制方法

材 料	总量/千克	营 养 成 分			
		碳/千克	氮/千克	碳氮比	磷/千克
稻草	400	181.56	2.52	72.05	0.3
干牛粪	600	438	9.9	44.24	5.1
尿素	6.73		3.1		
硫酸铵	14.6		3.1		
合计		619.56	18.62	33.3	5.4

注：计算步骤说明如下：

1. 从附表4查得，稻草含碳量45.39%，含氮量0.63%，计算出稻草中含碳素181.56千克，含氮素2.52千克。

2. 从附表3中查得，干牛粪含碳量73%，含氮量1.65%，计算出干牛粪中含碳素438千克，含氮素9.9千克。

3. 主要材料中，碳素总含量为619.56千克，氮素总含量为12.42千克。蘑菇菌丝同化材料中的全部碳素，按照碳氮比为33.3计，需18.62千克，堆肥中尚缺氮素6.2千克。

4. 所缺氮素用尿素、硫酸铵补足。尿素含氮量为46%，硫酸铵含氮量为21.2%，按实氮量计，各用50%，需用尿素6.73千克，其中含氮素3.10千克；用硫酸铵14.6千克，其中含氮素3.10千克。

5. 从附表2中查得，稻草含磷量为0.075%，从附表3中查得，干牛粪含磷量为0.85%，分别计算堆肥中磷素含量共计5.4千克，约为堆肥材料的0.81%，其不足部分加入过磷酸钙补充。

附表6　培养料含水量（%）（一）

每100千克干料中加入的水/千克	料水比	含水量（%）	每100千克干料中加入的水/千克	料水比	含水量（%）
75	1:0.75	50.3	130	1:1.3	62.2
80	1:0.8	51.7	135	1:1.35	63.0
85	1:0.85	53.0	140	1:1.4	63.8
90	1:0.9	54.2	145	1:1.45	64.5
95	1:0.95	55.4	150	1:1.5	65.2
100	1:1	56.5	155	1:1.55	65.9
105	1:1.05	57.6	160	1:1.6	66.5
110	1:1.1	58.6	165	1:1.65	67.2
115	1:1.15	59.5	170	1:1.7	67.8
120	1:1.2	60.5	175	1:1.75	68.4
125	1:1.25	61.3	180	1:1.8	68.9

注：1. 风干培养料含结合水以13%计。

　　2. 含水量计算公式：含水量 $= \dfrac{\text{加水重量} + \text{培养料含结合水的量}}{\text{培养料干重} + \text{加入的水重量}} \times 100\%$。

附表7　培养料含水量（%）（二）

含水量（%）	料水比	含水量（%）	料水比	含水量（%）	料水比	含水量（%）	料水比	含水量（%）	料水比
15	1:0.176	31	1:0.449	47	1:0.885	63	1:1.703	79	1:3.762
16	1:0.190	32	1:0.471	48	1:0.923	64	1:1.777	80	1:4.000
17	1:0.205	33	1:0.493	49	1:0.960	65	1:1.857	81	1:4.263
18	1:0.220	34	1:0.515	50	1:1.000	66	1:1.941	82	1:4.556
19	1:0.235	35	1:0.538	51	1:1.040	67	1:2.030	83	1:4.882
20	1:0.250	36	1:0.563	52	1:1.083	68	1:2.215	84	1:5.250
21	1:0.266	37	1:0.587	53	1:1.129	69	1:2.226	85	1:5.667
22	1:0.282	38	1:0.613	54	1:1.174	70	1:2.333	86	1:6.143
23	1:0.299	39	1:0.639	55	1:1.222	71	1:2.448	87	1:6.692
24	1:0.316	40	1:0.667	56	1:1.272	72	1:2.571	88	1:7.333
25	1:0.333	41	1:0.695	57	1:1.326	73	1:2.704	89	1:8.091
26	1:0.350	42	1:0.724	58	1:1.381	74	1:2.846	90	1:9.100
27	1:0.370	43	1:0.754	59	1:1.439	75	1:3.000		
28	1:0.389	44	1:0.786	60	1:1.500	76	1:3.167		
29	1:0.408	45	1:0.818	61	1:1.564	77	1:3.348		
30	1:0.429	46	1:0.852	62	1:1.632	78	1:3.545		

注：1. 风干培养料（不考虑所含结合水）。

　　2. 计算公式：含水量 $= \dfrac{(\text{干料重} + \text{水重}) - \text{干料重}}{\text{总重量}} \times 100\%$。

附表8 培养料含水量（%）（三）

要求达到的含水量（%）	每100千克干料应加入的水/千克	料水比	要求达到的含水量（%）	每100千克干料应加入的水/千克	料水比
50.0	74.0	1:0.74	58.0	107.1	1:1.07
50.5	75.8	1:0.76	58.5	109.6	1:1.10
51.0	77.6	1:0.78	59.0	112.2	1:1.12
51.5	79.4	1:0.79	59.5	114.8	1:1.15
52.0	81.3	1:0.81	60.0	117.5	1:1.18
52.5	83.2	1:0.83	60.5	120.3	1:1.20
53.0	85.1	1:0.85	61.0	123.1	1:1.23
53.5	87.1	1:0.87	61.5	126.0	1:1.26
54.0	89.1	1:0.89	62.0	128.9	1:1.29
54.5	91.2	1:0.91	62.5	132.0	1:1.32
55.0	93.3	1:0.93	63.0	135.1	1:1.35
55.5	95.5	1:0.96	63.5	138.4	1:1.38
56.0	97.7	1:0.98	64.0	141.7	1:1.42
56.5	100.0	1:1	64.5	145.1	1:1.45
57.0	102.3	1:1.02	65.0	148.6	1:1.49
57.5	104.7	1:1.05	65.5	152.2	1:1.52

注：1. 风干培养料含结合水以13%计。

2. 每100千克干料应加入的水计算公式：100千克干料应加入的水（千克）=

$$\frac{（含水量-培养料结合水的量）}{（1-含水率）}。$$

附表9 相对湿度对照表

干球温度/℃	干球温度—湿球温度					干球温度/℃	干球温度—湿球温度				
	1℃	2℃	3℃	4℃	5℃		1℃	2℃	3℃	4℃	5℃
40	93	87	80	74	68	24	90	80	71	62	53
39	93	86	79	73	67	23	90	80	70	61	52
38	93	86	79	73	67	22	89	79	69	60	50
37	93	86	79	72	66	21	89	79	68	58	48
36	93	85	78	72	65	20	89	78	67	57	47
35	93	85	78	71	65	19	88	77	66	56	45
34	92	85	78	71	64	18	88	76	65	54	43
33	92	84	77	70	63	17	88	76	64	52	41
32	92	84	77	69	62	16	87	75	62	50	39
31	92	84	76	69	61	15	87	74	60	48	37
30	92	83	75	68	60	14	86	73	59	46	34
29	92	83	75	67	59	13	86	71	57	44	32
28	91	83	74	66	59	12	85	70	56	42	
27	91	82	74	65	58	11	84	69	54	40	
26	91	82	73	64	56	10	84	68	52		
25	90	81	72	63	55	9	83	66	50		

注：1标准大气压=101.325千帕。

附表10　光照度与灯光容量对照表

光照度/勒	白炽灯（普通灯泡）单位功率/（瓦/米²）	20米² 菇房灯光布置/瓦
1～5	1～4	25～80
5～10	4～6	80～120
15	5～7	100～140
20	6～8	120～160
30	8～12	160～240
45～50	10～15	160～300
50～100	15～25	300～500

注：勒，光照度单位，等于1流明的光通量均匀照在1米²表面上所产生的度数。例如：适宜阅读的光照度为60～100勒。

附表11　环境二氧化碳（CO_2）含量对人和食用菌生理影响

二氧化碳含量（%）	人的生理反应	食用菌生理反应
0.05	舒适	子实体生长正常
0.1	无不舒适感觉	香菇、平菇、金针菇出现长菇柄
1.0	感觉到不适	典型畸形菇，柄长、盖小或无菌盖
1.55	短期无明显影响	子实体不发生（多数）
2.0	烦闷，气喘，头晕	子实体不发生（多数）
3.5	呼吸较为困难，很烦闷	子实体不发生（多数）
5.0	气喘，呼吸很困难，精神紧张，有时呕吐	子实体不发生（多数）
6.0	出现昏迷	子实体不发生（多数）

附表12　常用消毒剂的配制及使用方法

品　名	剂　量	配制方法	用　途	注意事项
乙醇	75%	95%乙醇75毫升加水20毫升	手、器皿、接种工具及分离材料的表面消毒　防治对象：细菌、真菌	易燃、防着火

（续）

品　名	剂　量	配制方法	用　途	注意事项
苯酚（石炭酸）	3%～5%	95～97毫升水中加入苯酚3～5克	空间及物体表面消毒　防治对象：细菌、真菌	防止腐蚀皮肤
来苏儿	2%	50%来苏儿40毫升加水960毫升	皮肤及空间、物体表面消毒　防治对象：细菌、真菌	配制时勿使用硬度高的水
甲醛（福尔马林）	5%或原液每立方米10毫升熏蒸	40%甲醛溶液12.5毫升加蒸馏水87.5毫升	空间及物体表面消毒，原液加等量的高锰酸钾混合或加热熏蒸　防治对象：细菌、真菌	刺激性强，注意皮肤及眼睛的保护
新洁尔灭	0.25%	5%新洁尔灭50毫升加蒸馏水950毫升	用于皮肤、器皿及空间消毒　防治对象：细菌、真菌	不能与肥皂等阴离子洗涤剂同用
高锰酸钾	0.1%	高锰酸钾1克加水1000毫升	皮肤及器皿表面消毒　防治对象：细菌、真菌	随配随用，不宜久放
过氧乙酸	0.2%	20%过氧乙酸2毫升加蒸馏水98毫升	空间喷雾及表面消毒　防治对象：细菌、真菌	对金属腐蚀性强，勿与碱性物品混用
漂白粉	5%	漂白粉50克加水950毫升	喷洒、浸泡与擦洗消毒　防治对象：细菌	对衣物有腐蚀和脱色作用，防止溅在衣物上，注意皮肤和眼睛的保护
碘酒	2%～2.4%	碘化钾2.5克、蒸馏水72毫升、95%乙醇73毫升	用于皮肤表面消毒　防治对象：细菌、真菌	不能与汞制剂混用

（续）

品　名	剂　量	配制方法	用　途	注意事项
升汞（氯化汞）	0.1%	取1克升汞溶于25毫升浓盐酸中，加水1000毫升	分离材料表面消毒	剧毒
硫酸铜	5%	取5克硫酸铜加水95毫升	菌床上局部杀菌或出菇场地的杀菌　防治对象：真菌	不能储存于铁器中
硫黄	每立方米空间15~20克	直接点燃使用	用于接种和出菇场所空间熏蒸消毒　防治对象：细菌、真菌	先将墙面和地面喷水预湿，防止腐蚀金属器皿
甲基托布津	0.1%或1：（500~800）倍	0.1%的水溶液	对接种钩和出菇场所空间喷雾消毒　防治对象：真菌	不能用于木耳类、猴头菇、羊肚菌的培养料中
多菌灵	1：1000倍拌料，或1：500倍喷洒	用0.1%~0.2%的水溶液	喷洒床畦消毒　防治对象：真菌、半知菌	不能用于木耳类、猴头菇、羊肚菌的培养料中
气雾消毒剂	每立方米2~3克	直接点燃熏蒸	接种室、培养室和菇房内熏蒸消毒	易燃，对金属有腐蚀作用

附表13　常用消毒剂的配制及使用方法

名　称	防治对象	用法与用量
甲醛	线虫	5%喷洒，每立方米喷250~500毫升
苯酚（石炭酸）	害虫、虫卵	3%~4%的水溶液喷洒环境
漂白粉	线虫	0.1%~1%喷洒
二嗪农	菇蝇、瘿蚊	每吨料用20%的乳剂57毫升喷洒
除虫菊酯类	菇蝇、菇蚊、蛆	见商品说明，3%乳油稀释500~800倍喷雾

（续）

名　称	防治对象	用法与用量
磷化铝	各种害虫	每立方米 9 克密封熏蒸杀虫
鱼藤精	菇蝇、跳虫	0.1% 水溶液喷雾
食盐	蜗牛、蛞蝓	5% 水溶液喷雾
对二氯苯	螨类	每立方米 50 克熏蒸
杀螨砜	螨类、小马陆弹尾虫	1:(800～1000) 倍水溶液喷雾
溴氰菊酯	尖眼菌蚊、菇蝇、瘿蚊等	用 2.5% 药剂稀释 300～400 倍喷洒

参 考 文 献

［1］黄年来，林志彬，陈国良. 中国食药用菌学［M］. 上海：上海科学技术文献出版社，2010.

［2］王世东. 食用菌［M］. 2 版. 北京：中国农业出版社，2010.

［3］崔长玲，牛贞福. 秸秆无公害栽培食用菌实用技术［M］. 南昌：江西科学技术出版社，2009.

［4］刘培军，张曰林. 作物秸秆综合利用［M］. 济南：山东科学技术出版社，2009.

［5］陈清君，程继鸿. 食用菌栽培技术问答［M］. 北京：中国农业大学出版社，2008.

［6］周学政. 精选食用菌栽培新技术 250 问［M］. 北京：中国农业出版社，2007.

［7］张金霞，谢宝贵. 食用菌菌种生产与管理手册［M］. 北京：中国农业出版社，2006.

［8］黄年来. 食用菌病虫诊治（彩色）手册［M］. 北京：中国农业出版社，2001.

［9］郭美英. 中国金针菇生产［M］. 北京：中国农业出版社，2001.

［10］陈士瑜. 菇菌生产技术全书［M］. 北京：中国农业出版社，1999.

［11］刘崇汉. 蘑菇高产栽培 400 问［M］. 南京：江苏科学技术出版社，1995.

［12］郑其春，陈荣庄，陆志平，等. 食用菌主要病虫害及其防治［M］. 北京：中国农业出版社，1997.

［13］杭州市科学技术委员会. 食用菌模式栽培新技术［M］. 杭州：浙江科学技术出版社，1994.

［14］国淑梅，牛贞福. 食用菌高效栽培［M］. 北京：机械工业出版社，2016.

［15］牛贞福，张凤芸. 食用菌栽培技术［M］. 北京：机械工业出版社，2016.

［16］牛贞福，赵淑芳. 平菇类珍稀菌高效栽培［M］. 北京：机械工业出版社，2016.

［17］牛贞福，刘敏，国淑梅. 秋季袋栽香菇菌棒成品率低的原因及提高成品率措施［J］. 食用菌，2012（2）：48-51.

［18］牛贞福，刘敏，国淑梅. 冬季平菇生理性死菇原因及防止措施［J］. 北方园艺，2011（2）：180.

［19］牛贞福，崔长玲，国淑梅. 夏季林地香菇地栽技术［J］. 食用菌，2010（4）：45-46.

［20］牛贞福，国淑梅，崔长玲. 平菇绿霉菌的发生原因及防治措施［J］. 食用菌，2007（5）：56.

［21］牛贞福，刘敏. 地沟棚金针菇优质高产栽培技术［J］. 北方园艺，2008（8）：209-210.

［22］牛贞福，国淑梅，冀永杰，等. 林地棉柴栽培双孢蘑菇技术要点［J］. 食用菌，2013（6）：50-51.

［23］牛贞福，国淑梅. 林地棉秆小畦覆厚料栽培双孢蘑菇高产技术［J］. 食用菌，2013（1）：60-61.

［24］牛贞福，国淑梅. 利用夏季闲置的蔬菜大棚和菇房栽培猪肚菇［J］. 食药用菌，2012（6）：351-353.

［25］牛贞福，国淑梅. 整玉米芯林地草菇栽培技术［J］. 北方园艺，2012（11）：182-183.

［26］牛贞福，国淑梅. 人工土洞大袋栽培鸡腿菇技术［J］. 中国食用菌，2012（1）：60-62.

索　引

注：书中视频建议读者在 Wi-Fi 环境下观看。

地址:北京市百万庄大街22号
邮政编码:100037
电话服务
服务咨询热线:010-88361066
读者购书热线:010-68326294
　　　　　　010-88379203
网络服务
机工官网:www.cmpbook.com
机工官博:weibo.com/cmp1952
金书网:www.golden-book.com
教育服务网:www.cmpedu.com
封面无防伪标均为盗版

上架指导　农业/种植

ISBN 978-7-111-60727-4
种植交流QQ群:528843965
策划编辑:高 伟
封面设计:教 亮　46442600

ISBN 978-7-111-60727-4

定价:39.80元